Python 编程与应用实验指导书

张向伟　盖建华　主编

山东大学出版社
SHANDONG UNIVERSITY PRESS
·济南·

图书在版编目(CIP)数据

Python 编程与应用实验指导书 / 张向伟,盖建华主编. --济南:山东大学出版社,2024.8. -- ISBN 978-7-5607-8271-3

Ⅰ. TP311.561

中国国家版本馆 CIP 数据核字第 2024RU1136 号

责任编辑　李昭辉
封面设计　王秋忆

Python 编程与应用实验指导书
Python BIANCHENG YU YINGYONG SHIYAN ZHIDAOSHU

出版发行	山东大学出版社
社　　址	山东省济南市山大南路 20 号
邮政编码	250100
发行热线	(0531)88363008
经　　销	新华书店
印　　刷	济南乾丰云印刷科技有限公司
规　　格	787 毫米×1092 毫米　1/16
	18.5 印张　300 千字
版　　次	2024 年 8 月第 1 版
印　　次	2024 年 8 月第 1 次印刷
定　　价	48.00 元

版权所有　侵权必究

前　言

在当今信息化时代，编程技能已经成为许多行业的基本要求。Python 作为一种通用、易学、高效的高级编程语言，已经得到了广泛的认可和应用。它不仅是数据科学、人工智能、网络编程的重要工具，而且在许多日常应用和项目开发中发挥着不可替代的作用。

《Python 编程与应用实验指导书》是为了满足广大读者学习 Python 编程的需求而编写的，旨在帮助读者全面理解和掌握 Python 编程的核心知识，通过实际操作和项目实践，培养读者的编程思维和实践能力。本书主要包括以下十部分内容。

第一部分是 Anaconda 的安装和开发环境搭建实验。Anaconda 是一个流行的 Python 发行版，提供了丰富的科学计算和数据分析工具。通过安装 Anaconda，读者将获得一个完整的 Python 开发环境，方便进行后续实验和项目开发。

第二部分是容器、流程控制语句的使用实验。这里的"容器"是一种用于打包和运行应用程序的轻量级虚拟化技术。通过本部分实验，读者将学习如何使用容器来隔离应用程序的运行环境，提高应用程序的可移植性和可维护性，并了解如何在 Python 中使用条件语句和循环语句来控制程序的执行流程。这些语句是编程中非常基础且重要的概念，掌握它们将有助于读者编写更加高效和不易出错的代码。

第三部分是字符串处理程序编写实验。本部分将重点介绍 Python 中字符串的基本操作和常用方法。通过实践编写字符串处理程序，读者将熟悉字符串的切割、拼接、替换等操作，并了解正则表达式在字符串处理中的应用。

第四部分是函数的编写和使用实验。本部分将引导读者学习如何定义和使用自定义函数。函数是 Python 中组织代码的重要方式，通过编写函数，读者可以封装特定的功能并在程序中重复使用。在实验中，读者将编写并测试各种类型的函数，并了解函数定义、参数传递、默认参数等。

第五部分是文件的操作和使用实验。本部分将介绍如何使用 Python 进行文件读写操作。读者将学习如何打开文件、读取文件内容、写入文件以及关闭文件等基本操作。此外，还将涉及文件路径处理、文件模式选择等高级概念。

第六部分是异常处理实验。本部分将重点介绍 Python 中的异常处理机制。异常处理是编程中不可或缺的一部分，它可以帮助读者捕获和处理程序运行过程中可能出现的错误和异常情况。通过熟悉异常处理实验的常用场景，读者可以提高代码的健壮性和可靠性。

Python 编程与应用实验指导书

第七、八部分是爬虫实战实验。本部分将带领读者学习如何使用 Python 进行网络爬虫开发。读者将了解爬虫的基本原理、常用的网络请求库以及如何解析网页内容等知识。通过实际爬虫项目的开发，读者将掌握从互联网上抓取数据的方法和技巧。

第九部分是数据可视化实验。本部分将介绍如何使用 Python 中的可视化库（如 matplotlib）来创建各种表格和图形。通过可视化数据，可以更加直观地呈现数据中的信息和趋势。在本部分实验中，读者将学习如何绘制折线图、柱状图、散点图等常见图形，并了解如何定制图表样式和添加图例等高级功能。

第十部分是数据分析综合实验。本部分重点介绍如何使用 Python 进行数据处理和分析，读者将学习如何导入数据、清洗数据、探索数据以及使用统计方法进行数据分析。通过实践常见的数据分析任务，读者将熟悉 Pandas 和 Numpy 等数据处理库的应用，提高处理和分析大批量数据的能力。

本书以实践为导向，通过一系列有针对性的实验，帮助读者深入理解 Python 编程的核心概念和应用技巧。这些实验不仅涉及 Python 编程的基础知识，还涵盖了实际应用中常见的问题和解决方案。每个实验都包含实验项目、实验类型、实验目的、知识点、实验原理、实验器材、实验内容、实验报告要求等内容。这种结构化的编排方式使读者可以根据自己的需求和学习进度选择合适的实验进行练习。同时，通过实际操作和项目实践，读者可以更好地理解和掌握 Python 编程的精髓，提高自己的编程能力和解决问题的能力。

为了确保读者能够顺利完成实验，我们特意在每个实验中详细介绍了实验所需的软件和工具的安装及使用方法。此外，我们还为读者提供了相关知识链接和参考代码，以便读者更好地应用所学知识。

希望本书能够成为读者学习 Python 编程的得力助手。无论读者是编程新手还是有一定经验的开发者，相信通过对本书的学习，都能更好地掌握 Python 编程的核心知识，提升自己的编程技能和应用能力。

在编写本书的过程中，我们得到了许多专家和同行的支持和帮助。在此，我们对他们的辛勤工作和无私奉献表示衷心的感谢！笔者学识浅薄，书中错误和不妥之处在所难免，敬请广大读者在使用过程中能够提出宝贵的意见和建议，共同促进本书的完善和进步。

让我们一起走进 Python 编程的世界，探索无限可能，创造美好未来！

编　者

2024 年 3 月

目 录

实验 1　Anaconda 的安装和开发环境搭建 ··············· 1
 1.1　实验项目 ··············· 1
 1.2　实验类型 ··············· 1
 1.3　实验目的 ··············· 1
 1.4　知识点 ··············· 1
 1.5　实验原理 ··············· 1
 1.6　实验器材 ··············· 1
 1.7　实验内容 ··············· 1
 1.8　实验报告要求 ··············· 2
 1.9　相关知识链接 ··············· 2
 1.10　参考代码 ··············· 34

实验 2　容器、流程控制语句的使用 ··············· 35
 2.1　实验项目 ··············· 35
 2.2　实验类型 ··············· 35
 2.3　实验目的 ··············· 35
 2.4　知识点 ··············· 35
 2.5　实验原理 ··············· 35
 2.6　实验器材 ··············· 35
 2.7　实验内容 ··············· 36
 2.8　实验报告要求 ··············· 36
 2.9　相关知识链接 ··············· 36
 2.10　参考代码 ··············· 60

实验 3　字符串处理程序编写 ··············· 102
 3.1　实验项目 ··············· 102
 3.2　实验类型 ··············· 102
 3.3　实验目的 ··············· 102
 3.4　知识点 ··············· 102
 3.5　实验原理 ··············· 102

  3.6 实验器材 ··· 102

  3.7 实验内容 ··· 102

  3.8 实验报告要求 ··· 103

  3.9 相关知识链接 ··· 103

  3.10 参考代码 ··· 124

实验 4 函数的编写和使用 ··· 128

  4.1 实验项目 ··· 128

  4.2 实验类型 ··· 128

  4.3 实验目的 ··· 128

  4.4 知识点 ·· 128

  4.5 实验原理 ··· 128

  4.6 实验器材 ··· 128

  4.7 实验内容 ··· 129

  4.8 实验报告要求 ··· 129

  4.9 相关知识链接 ··· 129

  4.10 参考代码 ··· 138

实验 5 文件的操作和使用 ··· 144

  5.1 实验项目 ··· 144

  5.2 实验类型 ··· 144

  5.3 实验目的 ··· 144

  5.4 知识点 ·· 144

  5.5 实验原理 ··· 144

  5.6 实验器材 ··· 144

  5.7 实验内容 ··· 144

  5.8 实验报告要求 ··· 145

  5.9 相关知识链接 ··· 145

  5.10 参考代码 ··· 172

实验 6 异常处理 ··· 175

  6.1 实验项目 ··· 175

  6.2 实验类型 ··· 175

  6.3 实验目的 ··· 175

  6.4 知识点 ·· 175

  6.5 实验原理 ··· 175

  6.6 实验器材 ··· 175

  6.7 实验内容 ··· 175

  6.8 实验报告要求 ··· 176

  6.9 相关知识链接 ··· 176

| 6.10 | 参考代码 | 194 |

实验 7　爬虫实战 1　198

7.1	实验项目	198
7.2	实验类型	198
7.3	实验目的	198
7.4	知识点	198
7.5	实验器材	198
7.6	实验内容	198
7.7	实验过程	212
7.8	实验报告要求	212
7.9	相关知识链接	212
7.10	参考代码	219

实验 8　爬虫实战 2　225

8.1	实验项目	225
8.2	实验类型	225
8.3	实验目的	225
8.4	知识点	225
8.5	实验器材	225
8.6	实验内容	225
8.7	实验过程	239
8.8	实验报告要求	240
8.9	参考代码	241

实验 9　数据可视化　250

9.1	实验项目	250
9.2	实验类型	250
9.3	实验目的	250
9.4	知识点	250
9.5	实验原理	250
9.6	实验器材	250
9.7	实验内容	250
9.8	实验报告要求	251
9.9	相关知识链接	251
9.10	参考代码	253

实验 10　数据分析综合实验　262

| 10.1 | 实验项目 | 262 |
| 10.2 | 实验类型 | 262 |

10.3 实验目的 ·· 262
10.4 知识点 ·· 262
10.5 实验原理 ·· 262
10.6 实验器材 ·· 262
10.7 实验内容 ·· 263
10.8 实验报告要求 ·· 264
10.9 相关知识链接 ·· 264
10.10 参考代码 ··· 280

参考文献 ··· 284

免责声明 ··· 287

实验 1　Anaconda 的安装和开发环境搭建

1.1　实验项目

Anaconda 的安装和开发环境搭建。

1.2　实验类型

基本验证型实验。

1.3　实验目的

（1）掌握 Anaconda 的安装和配置，掌握 Jupyter Notebook 的使用。
（2）掌握使用 conda 和 pip 安装 Python 扩展库的方法。

1.4　知识点

（1）Anaconda 的安装。
（2）Jupyter Notebook 的使用和常用功能。
（3）扩展库的安装。

1.5　实验原理

（1）获取最新版的 Anaconda 安装包。
（2）Jupyter Notebook 是一种交互式数据语言（IDL），可以进行交互式编程，支持多种格式文件的编辑。

1.6　实验器材

计算机、Windows 11 操作系统。

1.7　实验内容

1.7.1　Anaconda 软件安装包下载

从官网 www.Anaconda.org 下载 Anaconda 安装包或从实验指导教师处获取，具体的安装环境要求可查看官网上的文档说明。

1.7.2 安装 Anaconda

打开安装包，按提示进行操作，即可完成对 Anaconda 的安装。

1.7.3 启动 Jupyter Notebook

(1)相继在桌面上单击"开始"→"所有程序"→"Anaconda3"，在弹出的菜单中右击"Jupyter Notebook（Anaconda3）"→"更多"→"打开文件位置"，找到"Jupyter Notebook（Anaconda3）"的快捷方式。

(2)修改属性，将％userprofile％更改为今后存放 Python 程序的目录。

(3)启动并练习使用 Jupyter Notebook。

1.7.4 安装第三方扩展库

在集成开发环境（IDE）中安装第三方扩展库是一个关键步骤，旨在确保开发者能够利用外部功能来扩展和提升他们的应用程序。

1.7.5 扩展库的安装使用

在 Jupyter Notebook 中使用 import 导入安装好的扩展库，验证是否安装成功。

1.7.6 趣味小实验

(1)用百度搜索 Python qrcode 包的用法，安装 qrcode 并用它生成一个简单的、只显示字符的二维码。

(2)用微信扫描"网易云音乐"的二维码，想办法获取它里面隐藏的地址。

(3)在手机上通过应用市场安装"网易云音乐"App，在里面找一首自己喜欢的歌曲，用 qrcode 制作一个二维码（还可以在二维码中加上自己的照片或头像，感兴趣的读者可以自行搜索制作方法）并分享给朋友。

通过上面的实验可以看出，二维码是可以自己随便生成的，切记不要扫描来源不明的二维码。

1.8 实验报告要求

实验报告主要内容：Anaconda 安装过程，第三方扩展库的安装，Python 程序基本结构。

1.9 相关知识链接

1.9.1 Anaconda 介绍

1.9.1.1 什么是 Anaconda

Anaconda 是一个功能强大的开源数据科学平台，它巧妙地融合了数据科学领域的各种优秀工具。这个平台不仅涵盖了丰富的数据科学栈,还囊括了超过 100 个基于 Python、Scala 和 R 等编程语言的工具包,为用户提供了广泛的选择空间。借助其内置的包管理器 conda,用户可以轻松调用数百种不同编程语言的软件包,从而大大简化了数据预处理、建模、聚类、分类以及验证等复杂流程。

在这个平台的助力下,数据科学家们能够更加高效地挖掘数据价值,推动科研和业务的持续发展。Anaconda 以其强大的整合能力和灵活性,成为数据科学领域不可或缺的重要工具。

1.9.1.2 Anaconda 的功能

(1)包管理与环境管理:Anaconda 通过其独特的工具/命令 conda,实现了对软件包和运行环境的高效管理。这一功能使得用户能够轻松应对多版本 Python 并存、灵活切换以及各类第三方包的安装问题。利用 conda,用户可以便捷地安装和切换不同版本的 Python,从而满足多样化的项目需求。此外,conda 还为用户提供了一个清晰的界面来管理他们的软件依赖关系,确保项目顺利进行。这种管理方式不仅简化了开发流程,还大大提高了工作效率,使得 Anaconda 成为多版本 Python 管理和软件包安装的理想选择。

(2)数据处理:Anaconda 提供了全面的数据科学解决方案,它集成了众多强大的数据处理和分析工具。其中,Pandas 使得数据处理变得简单高效,无论是清洗、转换还是合并数据,都能轻松应对。Numpy 则为数值计算提供了强大的支持,使得复杂的数学运算变得迅速且准确。而 Matplotlib 则是一款出色的数据可视化工具,它能直观地展示和分析数据,从而帮助用户更好地洞察数据中的规律和趋势。这些工具的集合使得 Anaconda 成为处理和分析大规模数据的得力助手,让用户能够轻松挖掘数据的价值。

(3)机器学习与深度学习:Anaconda 为用户提供了丰富的机器学习和深度学习库,例如 Scikit-learn 和 TensorFlow 等,这些强大的工具使用户能够轻松构建和训练多样化的机器学习和深度学习模型。Scikit-learn 以其广泛的机器学习算法支持数据挖掘与分析,而 TensorFlow 则为用户提供了深度学习的广阔平台,助力神经网络的构建与训练。

(4)科学计算:Anaconda 集成了许多用于科学计算的库,SciPy 和 SymPy 就是其中的佼佼者。SciPy 为用户提供了全面的科学计算功能,无论是进行数值积分还是求解微分方程,用户都能游刃有余。而 SymPy 则专注于符号计算,让用户能够轻松处理复杂的数学表达式和公式。这些库的加入,使得 Anaconda 成为一个全方位的科学计算平台,助力用户高效完成各种科学计算任务,无论是学术研究还是工程应用,都能得心应手。

(5)数据存储与读取:Anaconda 配备了多种数据存储和读取的便捷工具,例如 SQLAlchemy 和 Pandas 等,它们在数据处理过程中为用户提供了极大的便利。SQLAlchemy 使得用户能够轻松操作关系型数据库,无论是数据的增删改查,还是数据库模型的构建,都能高效完成。而 Pandas 则为用户处理 CSV、Excel 等格式的文件提供了强大的支持,使数据的导入及导出变得简单快捷。这些工具的集成,让 Anaconda 成为一个数据存储和读取的得力助手,满足了用户在不同场景下的数据需求。

(6)部署与生产环境应用:Anaconda 不仅是一个强大的数据科学开发平台,还提供了便捷的应用程序部署功能。用户可以借助 Anaconda 中的专业工具,轻松将构建好的应用程序打包成可执行文件,进而方便地部署到生产环境中。这一功能大大简化了应用程序从开发到生产的流程,提高了部署效率。无论是对于数据科学家还是开发人员来说,Anaconda 都是一个不可或缺的助手,帮助使用者将研究成果或产品快速推向市场。

1.9.1.3 其他数据科学平台

(1)Jupyter Notebook:Jupyter Notebook 是一种交互式的 Web 应用,赋予了用户创建与分享文档的能力。更为独特的是,用户可以在这些文档中无缝地嵌入代码、叙述性文本以及各种可视化元素。在数据科学领域,Jupyter Notebook 已成为一种流行的工具,因为它能轻松地将数据分析、机器学习任务以及数据可视化整合到一个统一的界面中。通过使用 Jupyter Notebook,研究人员、数据科学家和开发人员能够更直观地展现他们的分析过程和结果,从而更有效地传达信息和知识。

(2)RStudio:RStudio 是一个专门为 R 语言设计的功能全面的集成开发环境。它配备了强大的代码编辑器、直观的可视化工具以及高效的数据管理功能,极大地提升了使用 R 语言进行数据分析和建模的便捷性。在 RStudio 的助力下,开发人员能够更专注于分析工作,而不需要在烦琐的工具操作上花费过多时间。无论是初学者还是经验丰富的数据科学家,RStudio 都能为他们提供一个舒适、高效的工作环境。

(3)Apache Zeppelin:Apache Zeppelin 不仅是一个基于 Web 的交互式计算平台,更是一个多语言和多框架的支持者,涵盖 Scala、Python、R 等多种编程语言。用户可以在这一平台上创建交互式的笔记本,轻松记录和分析数据科学实验的每一个步骤。值得一提的是,Apache Zeppelin 还能帮助用户将数据科学应用程序打包为可执行文件,简化了在生产环境中的部署流程。这一特性使得 Apache Zeppelin 成为一座连接数据科学实验与生产环境的桥梁,极大地提高了工作效率。

(4)Microsoft Azure Machine Learning:Microsoft Azure Machine Learning 是一个云端的机器学习平台,它为用户提供了丰富的高级工具和功能。这些功能包括但不限于自动化机器学习、自定义算法开发、模型的快速部署和管理等。此外,该平台还支持多种数据源和格式,如 CSV、JSON、SQL 数据库等,为用户提供了极大的灵活性。无论是初学者还是专业的数据科学家,Microsoft Azure Machine Learning 都能满足他们在机器学习项目中的各种需求。

(5)Google Cloud Platform:Google Cloud Platform 不仅是一个云端的机器学习平台,更是一个技术和服务的宝库。它为用户提供了包括 TensorFlow、Keras、PyTorch 等在内的多种机器学习工具和框架。除此之外,该平台还涵盖了数据存储、数据处理、自动化机器学习等一系列功能和服务,这意味着用户可以在一个统一的平台上完成从数据收集到模型部署的全过程,大大提高了工作效率。无论是快速原型设计还是进行大规模的生产部署,Google Cloud Platform 都能为用户提供强大的支持。

1.9.1.4 Anaconda 的下载、安装与使用

(1)Anaconda 的下载:Anaconda 是跨平台的,版本众多,读者可以按需下载。本书以

Windows 11 系统安装为例进行介绍。

下载途径 1：从官网 www.Anaconda.org 上下载。

第 1 步：打开官网 www.Anaconda.org，如图 1.1 所示。

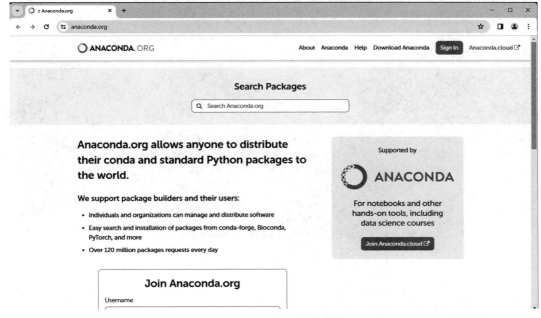

图 1.1　Anaconda 官网截图

第 2 步：单击右上角的"Download Anaconda"按钮，如图 1.2 所示。

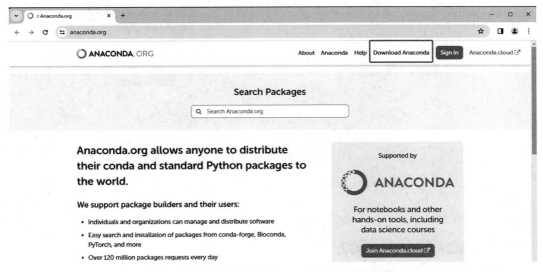

图 1.2　单击后出现的 Anaconda 官网下载链接

第 3 步：单击下方的"Download"下载按钮，将下载内容保存到硬盘上，如图 1.3 所示。

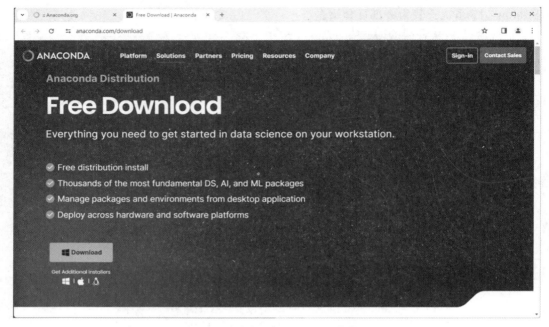

图 1.3　下方的"Download"下载按钮

第 4 步：如果是谷歌 Chrome 浏览器，默认保存路径为"此电脑"的"下载"文件夹。或者直接单击浏览器右上方的"下载"按钮（见图 1.4 中方框内），在弹出的对话框中单击"近期的下载记录"（见图 1.5），打开下载任务，待下载完成后单击"在文件夹中显示"链接，也可以找到下载的安装包。另外，直接从 Anaconda 官网下载速度比较慢（见图 1.6）。

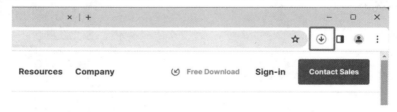

图 1.4　谷歌 Chrome 浏览器的"下载"按钮（图中方框内）

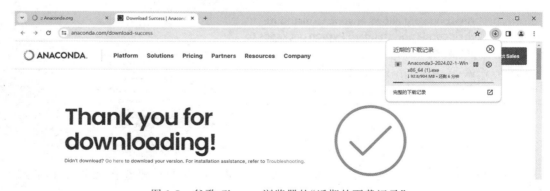

图 1.5　谷歌 Chrome 浏览器的"近期的下载记录"

实验 1　Anaconda 的安装和开发环境搭建

图 1.6　Anaconda 官网下载界面

下载途径 2：从国内的清华镜像源上下载。

第 1 步：打开网址，网址为 https://mirrors.tuna.tsinghua.edu.cn/anaconda/archive/。如果读者在国内，推荐使用国内的清华镜像源下载，因为下载速度非常快。

第 2 步：打开上述网址后，根据最右侧的更新时间找到最新版的 Anaconda3，然后根据自己的操作系统选择对应的版本（笔者采用的是 2024.02 版，见图 1.7）。

文件名	大小	日期
Anaconda3-2024.02-1-Linux-x86_64.sh	997.2 MiB	2024-02-27 06:01
Anaconda3-2024.02-1-MacOSX-arm64.pkg	697.4 MiB	2024-02-27 06:01
Anaconda3-2024.02-1-MacOSX-arm64.sh	700.0 MiB	2024-02-27 06:01
Anaconda3-2024.02-1-MacOSX-x86_64.pkg	728.7 MiB	2024-02-27 06:01
Anaconda3-2024.02-1-MacOSX-x86_64.sh	731.2 MiB	2024-02-27 06:01
Anaconda3-2024.02-1-Windows-x86_64.exe	904.4 MiB	2024-02-27 06:01
Anaconda3-4.0.0-Linux-x86.sh	336.9 MiB	2017-01-31 01:34
Anaconda3-4.0.0-Linux-x86_64.sh	398.4 MiB	2017-01-31 01:35
Anaconda3-4.0.0-MacOSX-x86_64.pkg	341.5 MiB	2017-01-31 01:35

图 1.7　清华镜像源中的安装包

如果上述网址打不开，也可用必应等搜索引擎搜索。如图 1.8 所示。

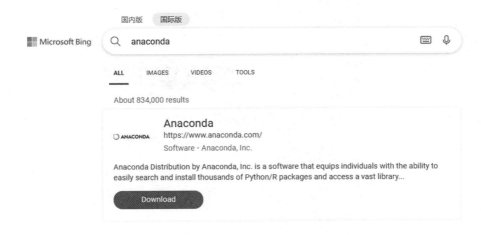

图 1.8　用搜索引擎必应搜索下载 Anaconda

第3步：选择好版本后，直接单击即可下载。

（2）Anaconda的安装。

第1步：右击安装包，在弹出的菜单中选择"以管理员身份运行(A)"，如图1.9所示。

图1.9　以管理员身份运行Anaconda的安装包

第2步：在弹出的窗口"用户帐户控制"中选择"是"（见图1.10）。

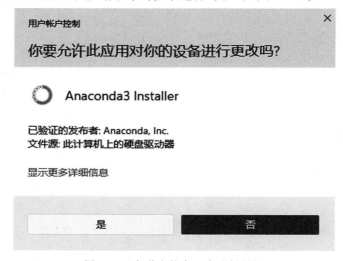

图1.10　在弹出的窗口中选择"是"

第 3 步：单击"Next >"按钮（见图 1.11）。

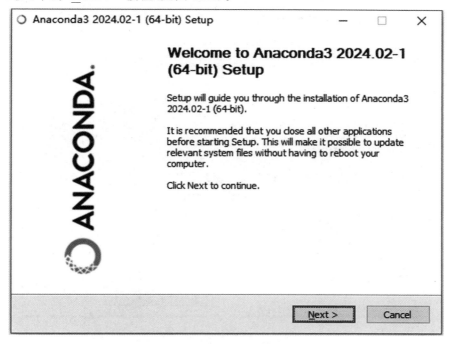

图 1.11　Anaconda 安装界面

第 4 步：单击"I Agree"按钮（见图 1.12）。

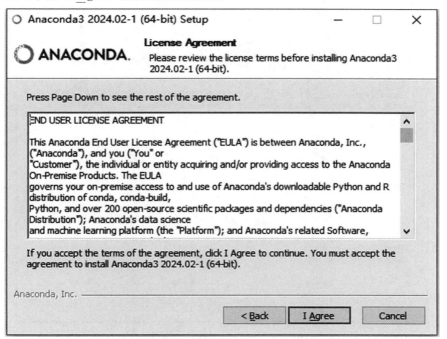

图 1.12　Anaconda 安装"同意"界面

第 5 步:选择"All Users(requires admin privileges)"后,单击"Next >"按钮(见图1.13)。

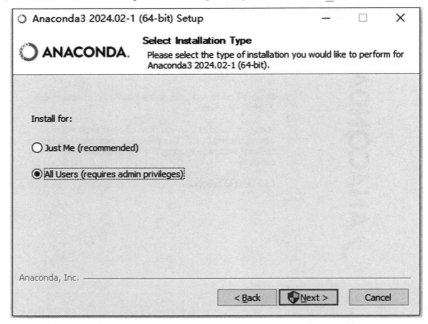

图 1.13　Anaconda 安装界面

第 6 步:选择安装路径,一般情况下好不用更改(注意路径不要带中文字符),单击"Next >"按钮(见图 1.14)。

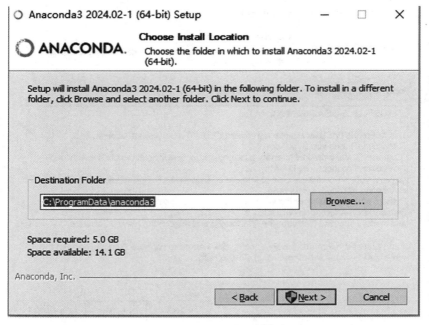

图 1.14　Anaconda 默认安装路径

第 7 步:选择默认选项,单击"Install"按钮(见图 1.15)。

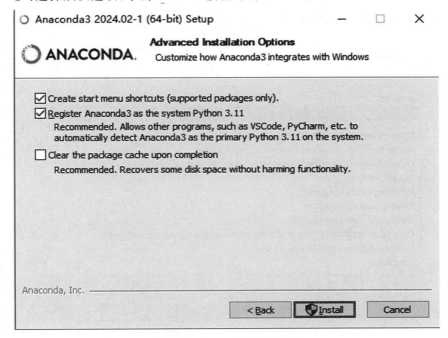

图 1.15 Anaconda 安装选项

第 8 步:安装进行中(安装时要下载一些数据,比较慢,耐心等待即可,见图 1.16)。

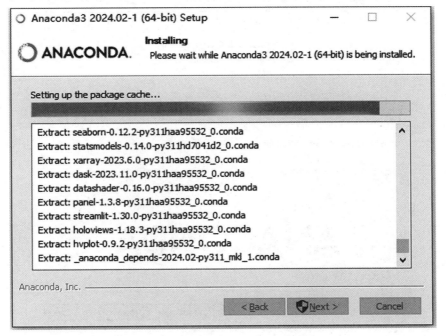

图 1.16 Anaconda 的安装过程

第9步：安装完成，单击"Next >"按钮（见图1.17）。

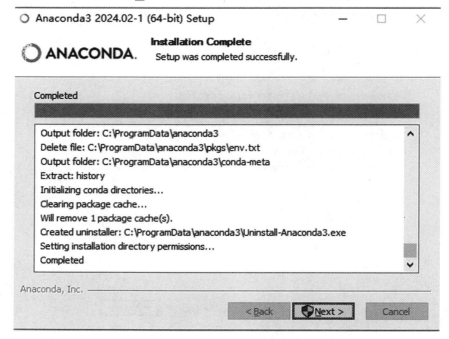

图1.17　Anaconda的安装完成界面

第10步：继续单击"Next >"按钮（见图1.18）。

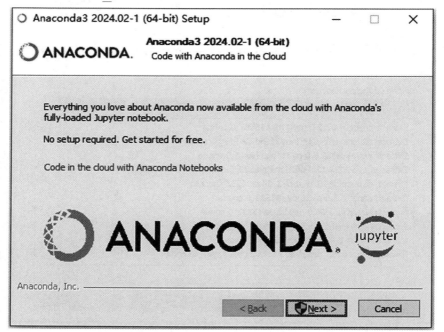

图1.18　Anaconda安装完成后的操作

第11步：安装完成，单击"Finish"按钮（见图1.19）。

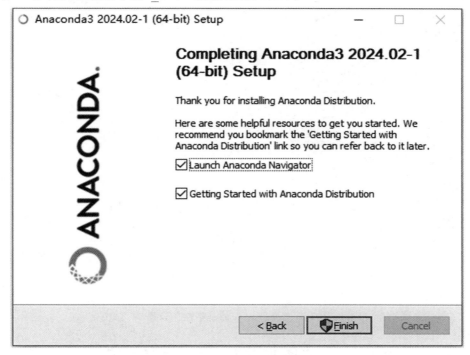

图 1.19　Anaconda 安装完毕

（3）Anaconda 的使用。

①环境管理。Anaconda 的环境管理功能允许使用者同时安装若干不同版本的 Python，并能自由切换。

举例来说，如果刚才在 Anaconda 下载过程中配套下载了 Python3.7，那想要切换使用 Python3.6 可以使用下述代码创建相应的环境（见图 1.20）。

```
1  # conda creaat 创建一个名为python36的环境，指定Python版本是3.6
2  conda create --name python36 python=3.6
3
4  # sactivate 激活环境
5  activate python36
6
7  # deactivate 退出当前环境，返回默认环境
8  deactivate python36
9
10 # conda remove 删除环境
11 conda remove --name python36 --all
```

图 1.20　Anaconda 环境创建

注意，上述命令要在 Anaconda Prompt 中输入。单击键盘上的 Win 键，在弹出的选项中相继选择"所有应用"→"Anaconda3（64-bit）"→"Anaconda Prompt"进入输入命令界面。默认路径为"C：\ProgramData\Microsoft\Windows\Start Menu\Programs\Anaconda3（64-bit）"。

②基本操作的具体步骤如图 1.21 所示。

```
1   # 查看当前环境下安装的包及其包的版本
2   conda list
3
4   # 查看指定环境的安装包及其安装包的版本
5   conda list -n python36
6
7   # 安装包
8   conda install 包名
9
10  #使用镜像安装包，下载快
11  pip install 包名 -i https://pypi.tuna.tsinghua.edu.cn/simple
12
13  #卸载包
14  conda remove 包名
15  pip uninstall 包名
```

图 1.21　Anaconda 的基本操作步骤

1.9.2　Jupyter Notebook 的使用

1.9.2.1　什么是 Jupyter Notebook

Jupyter Notebook 是 Jupyter 项目中的一个核心组件，它融合了代码、文本说明、数据可视化等多种元素，创建了一个高度交互式的文档环境。这个应用是基于 Web 的，允许用户在一个界面中完成从代码开发到结果展示的全过程。Jupyter Notebook 通过与内核进行交互来执行代码，对于 Python 而言，这个内核就是 IPython。此外，Jupyter Notebook 还提供了一系列便捷的"魔法操作"，使得数据处理和分析更加高效。近年来，Jupyter Notebook 已经成为数据科学家的得力助手，帮助他们快速构建原型，进行数据分析探索，查看代码运行结果，并据此进行迭代和优化。简而言之，Jupyter Notebook 提供了一个强大的平台，让数据科学家能够更有效地与数据进行交互，加速研究进程。

1.9.2.2　为什么要用 Jupyter Notebook

（1）Jupyter Notebook 不仅提供了一个综合性的环境，让用户能够自由地编写、运行代码并即时查看结果，还赋予了用户对数据进行直观可视化处理的能力。正因为这些显著的优势，Jupyter Notebook 在数据科学家群体中备受推崇。他们发现，这款工具能够极大地简化从数据清洗到统计建模，再到构建和训练机器学习模型等一系列复杂流程。换言之，Jupyter Notebook 以其强大的功能和便捷性，成为数据科学家的得力助手，助力他们高效地完成"端到端"的数据分析任务。

(2)对于编程的初学者来说,Jupyter Notebook 同样具有不可抗拒的吸引力。其独特的设计允许用户将代码分割成独立的 cell,这样便可以单独执行和测试每一部分代码。这种特性极大地提升了编程和调试的效率,因为用户不需要每次都从头开始运行整个代码库,而只需关注并测试特定的代码块。尽管其他一些集成开发环境(IDE),如 RStudio 也提供了类似的功能,但从个人使用体验来看,Jupyter Notebook 的单元结构设计无疑是最出色的,为用户提供了极大的便利。

(3)Jupyter Notebook 的优越性还体现在其灵活性和交互性上。这款工具支持 40 余种编程语言,不局限于基础的 Python,还包括 R 语言、SQL 等。这种多语言支持使得用户可以根据项目需求灵活选择合适的编程语言。同时,Jupyter Notebook 的交互性也远超传统的 IDE 平台,这使它成为各种教程中展示代码的首选工具。用户们乐于通过 Jupyter Notebook 来学习和分享编程知识,因为它能提供一个直观且易于理解的环境。

(4)Jupyter Notebook 的另一个显著优势在于它能够有效地整合所有资源。在软件开发过程中,频繁的上下文切换往往会消耗大量时间和精力。使用 Jupyter Notebook 可以显著减少这种切换带来的不便,从而提高工作效率。特别是在机器学习和数学统计领域,Python 编程的实验性非常强,经常需要对一小块代码进行反复的修改和测试。在这种情况下,Jupyter Notebook 的 cell 单元格插入功能就显得尤为重要。它允许用户在不运行整个代码库的情况下,单独测试和修改特定的代码块,从而大大加速了开发进程。

(5)最后,值得一提的是,使用 Jupyter Notebook 还能实现结果的重现性,而且几乎是零成本。这意味着用户可以随时回顾和验证之前的工作成果,确保数据的准确性和一致性。这一特性在科学研究和数据分析领域尤为重要,因为它有助于得出可信赖和可重复的实验结果。

1.9.2.3 Jupyter Notebook 的安装与使用

(1)安装内容

安装 Anaconda 或 miniconda。

(2)使用方法

①修改默认保存路径。

第 1 步:在桌面上相继单击"开始"→"所有应用"→"Anaconda3(64-bit)",右击"Jupyter Notebook",选择"更多"→"打开文件位置"(见图 1.22)。

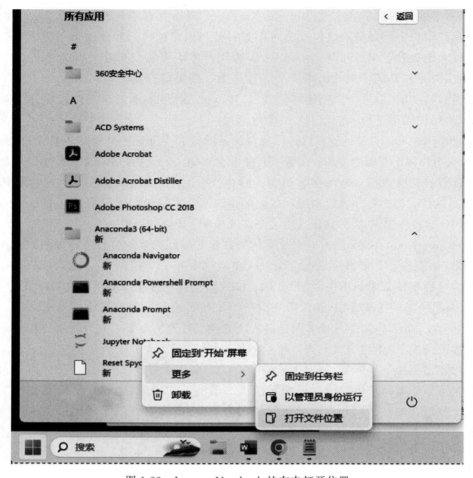

图 1.22　Jupyter Notebook 的右击打开位置

第 2 步：右击"Jupyter Notebook"的快捷方式图标，在弹出的菜单中选择"属性"（见图 1.23）。

实验1 Anaconda 的安装和开发环境搭建

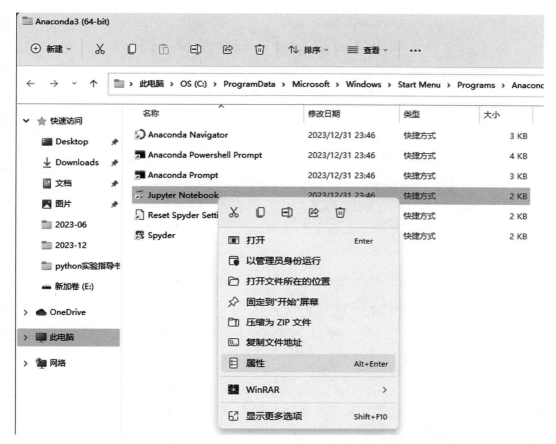

图 1.23　Jupyter Notebook 右击属性的选择

第 3 步：修改属性，将％USERPROFILE％更改为今后存放 Python 源程序的目录（见图 1.24），如 D 盘根目录下的 Python Files。需要注意的是，该目录要真实存在并提前创建好，另外％USERPROFILE％前后的英文引号不要删除。

图 1.24　修改 Jupyter Notebook 存放位置

第 4 步:单击"应用(A)"和"确定"按钮。

②打开 Jupyter Notebook。

依次单击"开始"→"所有应用"→"Anaconda3(64-bit)"→"Jupyter Notebook",打开后弹出的界面如图 1.25 所示,并自动调用默认浏览器(见图 1.26)。

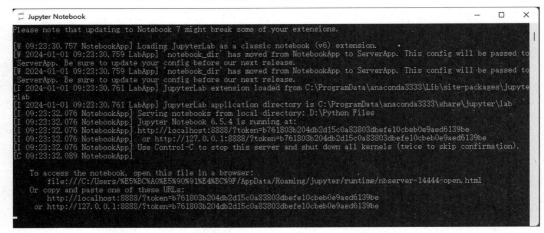

图 1.25　Jupyter Notebook 的提示符窗口

实验1　Anaconda 的安装和开发环境搭建

图 1.26　Jupyter Notebook 的谷歌浏览器界面

③单击右上角的"New"按钮,在弹出的下拉列表中选择"Notebook"(见图 1.27)。

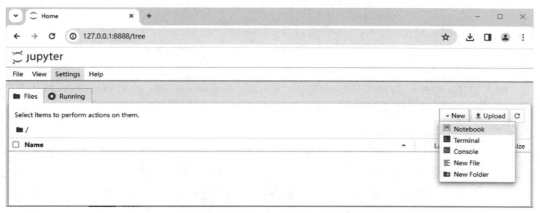

图 1.27　在谷歌浏览器中新建 Jupyter Notebook 文件

④选择 Python 3(ipykernel)(默认选择),单击"Select"按钮(见图 1.28)。

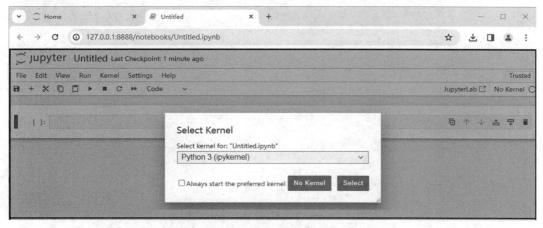

图 1.28　谷歌浏览器中 Jupyter Notebook 的 Kernel 选择

⑤输入代码后,单击工具栏中的三角形按钮即可运行代码(见图1.29)。

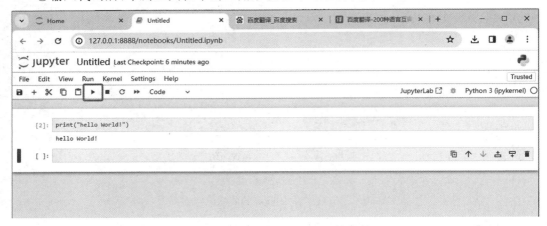

图1.29　Jupyter Notebook 运行代码

1.9.2.4　常见故障

(1)Jupyter Notebook 的黑色窗口闪退

解决方案:检查默认路径%USERPROFILE%设置是否正确,比如该路径是否真实存在,是否带英文引号,引号前后的空格是否被删除等。

(2)无法自动调用浏览器

解决方案1:直接复制网址到对应的浏览器地址栏并按回车键(见图1.30)。需要注意的是,三个地址复制任意一个即可。也可以在浏览器地址栏输入网址"http://localhost:8888/tree",这样也能够打开Jupyter,但是每次都需要手动输入,只限在第2种解决方案太麻烦或尝试失败时才用此解决方案。

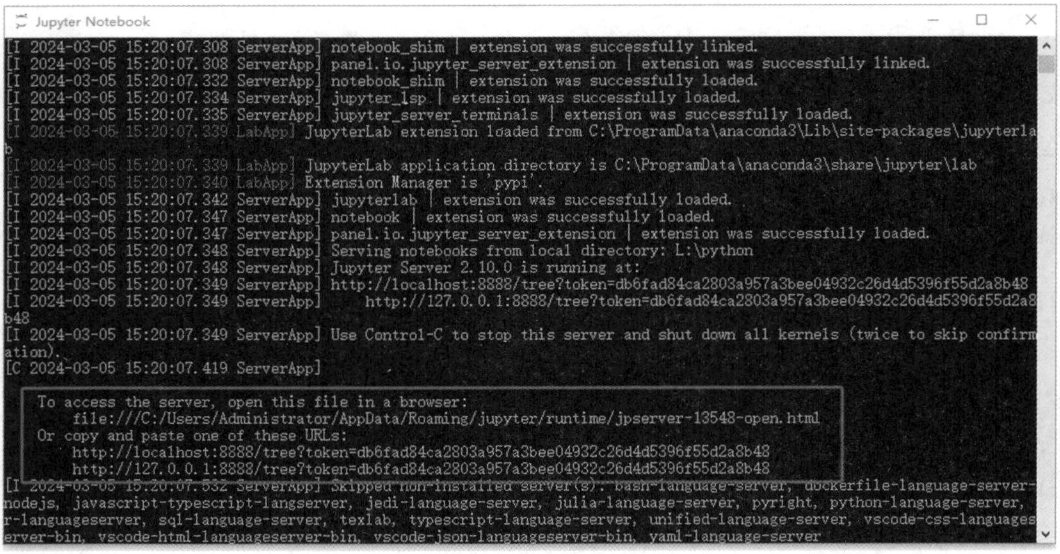

图1.30　Jupyter Notebook 的地址栏

解决方案 2：

第 1 步：按下 Windows+R 键，在弹出的对话框中输入 cmd（见图 1.31），单击"确定"打开命令窗口。

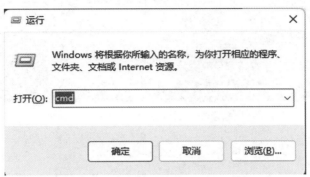

图 1.31　运行 cmd 命令提示符程序

第 2 步：在命令行中输入命令"jupyter notebook --generate-config"（见图 1.32），回车。

图 1.32　cmd 中输入命令

如果有提示，就输入 y 后回车（见图 1.33）。

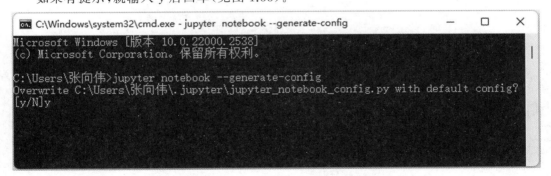

图 1.33　Jupyter Notebook 的确认

第 3 步：根据上面得到的路径（见图 1.34），在资源管理器中找到 jupyter_notebook_config.py 文件，使用记事本打开（见图 1.35）。

图 1.34　查看 jupyter_notebook_config.py 的位置

图 1.35　用记事本打开

第 4 步：按 Ctrl+F 键进行查找，在查找目标处输入"c.NotebookApp.password=",找到目标所在位置(见图 1.36)。

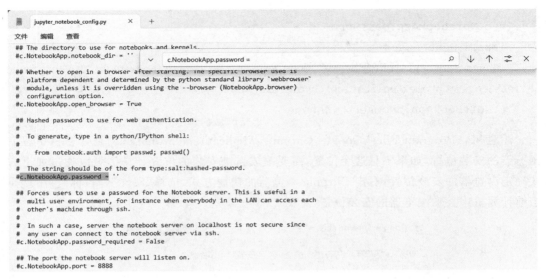

图 1.36　在记事本中输入 c.NotebookApp.password

第 5 步：在目标下方添加代码（见图 1.37），这段代码就指定了 Jupyter 自动打开的浏览器，可以根据自己的喜好选择浏览器（如谷歌 Chrome 浏览器、edge 浏览器等）。

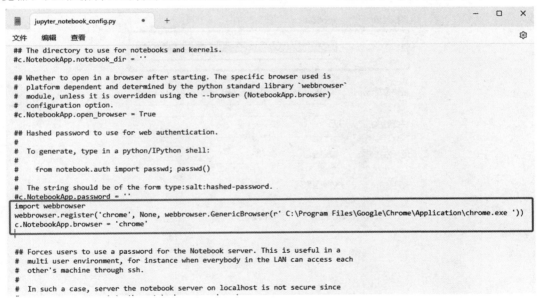

图 1.37　在目标下方添加代码

以下是使用谷歌浏览器的代码：

```
# c.NotebookApp.password= ''
import webbrowser
webbrowser.register('chrome',None,webbrowser.GenericBrowser(r'C:\Program Files\Google\Chrome\Application\chrome.exe'))
c.NotebookApp.browser= 'chrome'
```

注意"C:\Program Files\Google\Chrome\Application\chrome.exe"是计算机中谷歌浏览器的安装位置,如果不是这个位置,需要改成自己安装的位置。具体可以通过如下方式确定浏览器的安装位置:右击 Chrome 浏览器的快捷方式,选择"属性","目标"栏中就是当前计算机中谷歌浏览器的安装位置(见图 1.38)。

图 1.38　查看谷歌浏览器的安装位置

1.9.3 查看并安装第三方扩展库

1.9.3.1 查看已安装的扩展库

(1) 用 Anaconda 查看已安装的扩展库

打开 Anaconda Prompt 命令行窗口，输入命令"conda list"或"pip list"，这两个命令将列出所有已安装的扩展库，包括扩展库的名称、版本号和依赖关系。如果需要查看特定扩展库的详细信息，可以使用命令"conda info 扩展库名"，这个命令将显示指定扩展库的详细信息，包括扩展库的名称、版本号、依赖关系、安装路径等。

(2) 使用 Anaconda Navigator 查看已安装的扩展库

除了使用命令行，还可以使用 Anaconda Navigator 来查看已安装的扩展库。方法是打开 Anaconda Navigator，单击"Environments"选项卡，选择当前环境，然后单击"Installed"选项卡，就可以看到所有已安装的扩展库。在这个界面中，还可以搜索、更新、卸载扩展库等。

(3) 使用 Anaconda 的网页界面查看已安装的扩展库

如果正在使用 Anaconda 的网页界面，可以通过以下步骤查看已安装的扩展库：

① 在网页界面中，选择"Environments"选项卡。

② 选择对应的环境。

③ 在 Packages 列表中，查看已安装的扩展库。

1.9.3.2 安装第三方扩展库

(1) 使用 conda 命令安装扩展库

Anaconda 包含了一个名为 conda 的包管理器，可以方便地安装、更新和卸载 Python 库。使用 conda 安装库非常简单，只需要在终端中输入命令"conda install packagename"即可，其中 packagename 是需要安装的库的名称。例如，安装 Numpy 库的命令为"conda install numpy"。

当然，如果需要安装指定版本的库，可以使用命令"conda install packagename=version"，其中 version 是需要安装的库的版本号。例如，安装 Numpy 1.17.0 版本的命令为"conda install numpy=1.17.0"。

(2) 使用 pip 命令安装扩展库

除了使用 conda 命令安装库外，我们还可以使用 Python 自带的包管理工具 pip 来安装库。在 Anaconda 环境中，使用 pip 命令安装库与在普通 Python 环境中安装库的方法是一样的，只需要在终端输入命令"pip install packagename"即可，其中 packagename 是需要安装的库的名称。例如，安装 Numpy 库的命令为"pip install numpy"。同时，我们也可以安装指定版本的库，只需要使用命令"pip install packagename==version"，其中 version 是需要安装的库的版本号。例如，安装 Numpy 1.17.0 版本的命令为"pip install numpy==1.17.0"。

(3) 使用图形用户界面(GUI)安装扩展库

除了通过命令行方式安装所需的库之外，我们还可以借助 Anaconda Navigator 的 GUI 来进行库的安装，这种方式对于不熟悉命令行的用户来说更为友好。首先打开 Anaconda Navigator，接着选择"Environments"标签页。在这里，我们可以清晰地看到所有已创建的环境列表。选择想要安装的库的目标环境后，单击右侧一个三角形的小图标会弹出一个下拉菜单。在这个菜单中，选择"Open Terminal"选项，将打开一个与该环境相关联的终端窗口。在这个终端窗口内，既可以使用 conda 命令，也可以使用 pip 命令来轻松安装需要的库，这取决于自己的具体需求和偏好。

此外，Anaconda Navigator 还提供了另一种更为直观的库安装方法，不需要使用命令行，方法是在"Environments"标签页中，选择想要操作的环境后，单击左侧的"Installed"按钮，将展示一个列表，其中包含了当前环境中所有已经安装的库。

如果想要安装一个新的库，只需在界面提供的搜索框中输入库的名称，系统会立即搜索相关的库并显示出来。找到需要的库之后，只需单击旁边的"Add"按钮，Anaconda Navigator 就会自动将这个库添加到当前选定的环境中。这种方法不仅简单易行，而且极大地降低了操作难度，使库的安装变得更加便捷和高效。

(4) 从 Anaconda 官方库中安装扩展库

除了使用 conda 或 pip 命令安装库外，还可以从 Anaconda 官方库中安装库。Anaconda 官方库包含了大量 Python 库和工具，可以方便地进行安装和管理，只需要在终端输入命令"conda search packagename"即可，其中 packagename 是需要查找的库的名称。例如，查找 Numpy 库的命令为"conda search numpy"。通过这个命令可以查看所有可用的 Numpy 库的版本和相关信息。如果需要安装指定版本的 Numpy 库，只需要使用命令"conda install packagename=version"，其中 version 是需要安装的 Numpy 库的版本号。

综上所述，我们可以使用 conda 或 pip 命令在命令行中安装 Python 库，也可以使用 Anaconda Navigator 中的 GUI 来安装 Python 库，还可以从 Anaconda 官方库中安装 Python 库。这些方法都很简单易用，可以帮助我们快速安装和管理 Python 库。

(5) 离线安装扩展库

①离线安装 tar.gz 文件：以 PyPDF2 库为例，首先下载好 PyPDF2 库对应的 tar.gz 包（见图 1.39），然后执行命令"pip install PyPDF2-1.26.0.tar.gz"。

| PyPDF2-1.26.0.tar.gz | 2019/10/10 22:51 | WinRAR 压缩文件 | 76 KB |

图 1.39　下载的 PyPDF2-1.26.0.tar.gz 文件

因为这个包放在 D 盘下，所以将命令行窗口转到了 D 盘，直接输入包的名字；如果包是在 D 盘下，命令行窗口在 C 盘下，那么输入包的绝对路径。输入绝对路径的安装方式（见图 1.40）如下：

pip install D:\PyPDF2-1.26.0.tar.gz

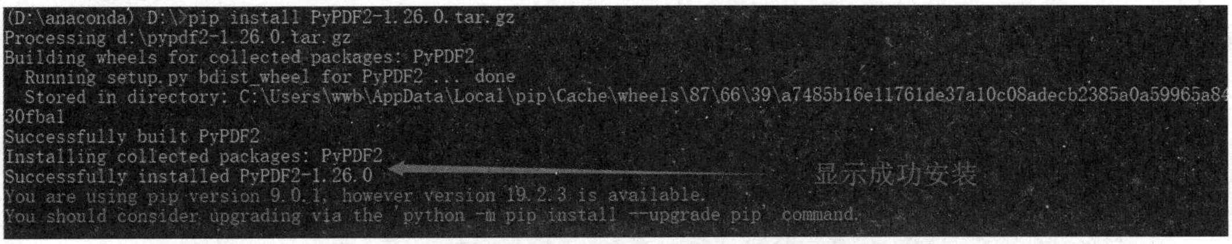

图 1.40　PyPDF2-1.26.0.tar.gz 的安装界面

②离线安装.whl 文件：以 imbalanced_learn 库为例，首先下载好 opencv 库的.whl 文件，然后执行命令"pip install imbalanced_learn-0.5.0-py3-none-any.whl"（见图 1.41）。

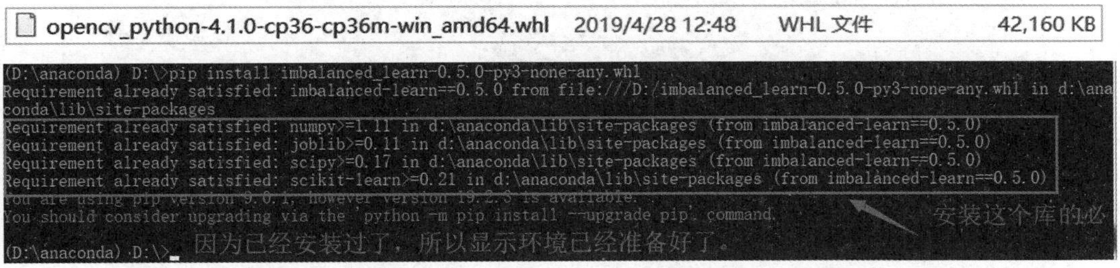

图 1.41　imbalanced_learn-0.5.0-py3-none-any.whl 的安装界面

③注意事项：安装一个库时需要注意它有没有要求的前提，比如最后的 imbalanced_learn 库就需要一些基础环境（库）的版本必须满足如图 1.42 所示的要求：

- numpy (>=1.11)
- scipy (>=0.17)
- scikit-learn (>=0.21)

图 1.42　imbalanced_learn 库的安装环境要求

只有在确保满足特定环境要求的前提下，我们才能顺利地进行软件或库的安装，这一点常常被忽视。不过，当我们使用 pip 命令进行安装时，若选择的是 Anaconda 环境，它通常会智能地检测并处理那些不符合条件或版本过时的库。具体来说，Anaconda 会自动卸载那些不满足条件或过时的库，并重新安装或升级到合适的版本，从而确保环境始终处于最佳状态。

这种自动化的环境管理和优化功能，无疑大大简化了工作流程，并减少了因环境配置问题而导致的各种麻烦。因此，选择使用 Anaconda 来进行环境的配置和管理是一个非常明智且高效的选择，其不仅能够节省大量时间和精力，还能确保工作环境始终保持稳定且高效。

1.9.3.3　常用库的下载地址

常用库的下载地址基本上有两个且足够我们使用。

（1）常见的 Windows 的扩展库下载地址：https://www.lfd.uci.edu/~gohlke/pythonlibs/。

（2）各种系统的扩展库下载地址：https://pypi.org/。

1.9.3.4 安装第三方扩展库经常遇到的问题

(1)在 cmd 命令提示符下输入 pip list 或 pip install ××××时,提示"不是内部或外部命令,也不是可运行的程序或批处理文件",如图 1.43 所示。

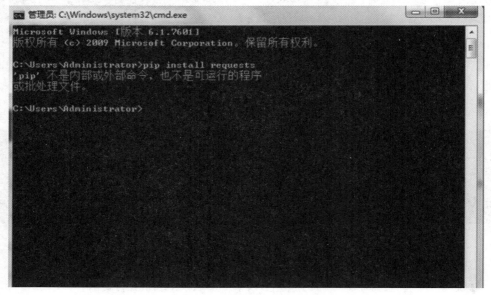

图 1.43 命令提示符模式的错误提示

解决方案:

第 1 步:找到 Python 安装目录下的 Scripts 文件夹(见图 1.44)。

图 1.44 Scripts 文件夹

第 2 步:将该文件路径加到环境变量 Path 中,打开"控制面板",选择"系统"→"高级系统设置"→"环境变量",单击"Path"→"新建"→"添加文件路径",如图 1.45 和图 1.46 所示。

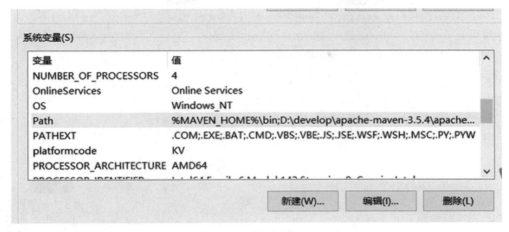

图 1.45　环境变量 Path

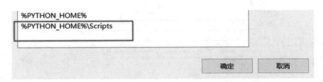

图 1.46　在环境变量 Path 中添加 Scripts 的路径

注意：
① 该配置需要已经配置好 PYTHON_HOME 的环境变量，也就是 Python 的安装路径。
② 配置好 Scripts 文件的环境变量后，还要重新启动命令窗口才会生效。

(2) 若不是可信任的网站，则存在不安全风险，在安装第三方扩展库时会提示如下内容：

WARNING：The repository located at mirrors.aliyun.com is not a trusted or secure host and is being ignored. If this repository is available via HTTPS we recommend you use HTTPS instead，otherwise you may silence this warning and allow it anyway with'--trusted-host mirrors.aliyun.com'.

解决方案：
第 1 步：找到系统盘下 C:\C:\Users\用户名\AppData\Roaming。
第 2 步：查看在 Roaming 文件夹下有没有一个 pip 文件夹，如果没有，创建一个。
第 3 步：进入 pip 文件夹，创建一个 pip.ini 文件。
第 4 步：使用记事本的方式打开 pip.ini 文件，写入下列代码：
[global]
index-url = https://pypi.mirrors.ustc.edu.cn/simple//
trusted-host = https://pypi.mirrors.ustc.edu.cn
此方案即可解决上述网站不安全、不被信任的问题。

(3) 某些库的安装速度慢（如 selenium 库）。
解决方案：用国内镜像源。国内常见的镜像源网址主要有以下几个：

清华大学：https：//pypi.tuna.tsinghua.edu.cn/simple/。
阿里云：https：//mirrors.aliyun.com/pypi/simple/。
中国科技大学：https：//pypi.mirrors.ustc.edu.cn/simple/。
华中理工大学：https：//pypi.hustunique.com/。
山东理工大学：https：//pypi.sdutlinux.org/。

方法1：在 Anaconda Navigator 中添加。

第1步：打开 Anaconda Navigator（见图1.47）。

图1.47　Anaconda Navigator 的界面

第2步：单击上方的"Channels"。

第3步：单击上方的"Add..."（见图1.48），将源地址（以清华大学镜像源为例）复制粘贴进去（见图1.49），再按回车键即可。如果后面没有黄色的叹号就表明是可用的（见图1.50）。

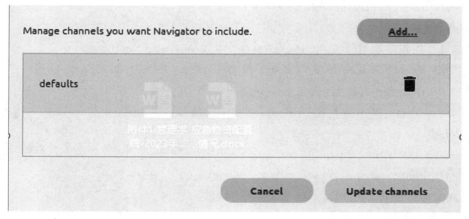

图1.48　单击 Channels 的"Add..."按钮

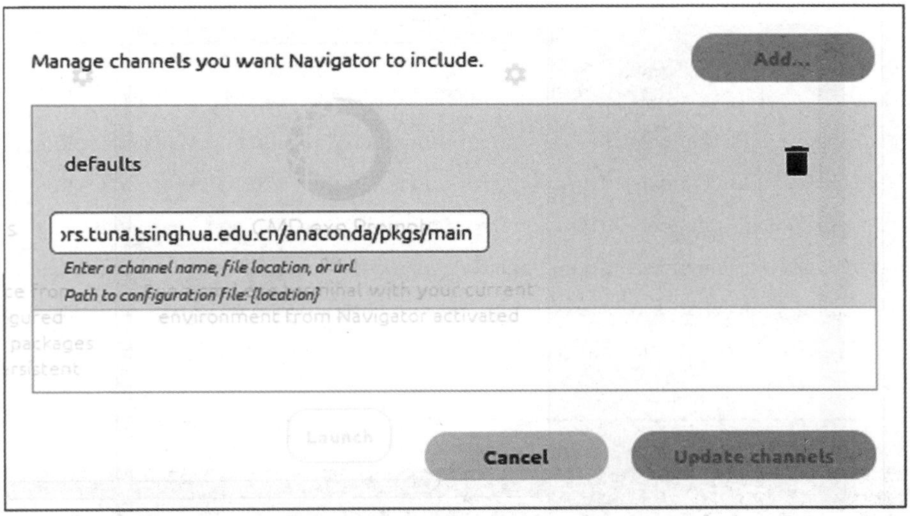

图 1.49　添加清华大学镜像源地址

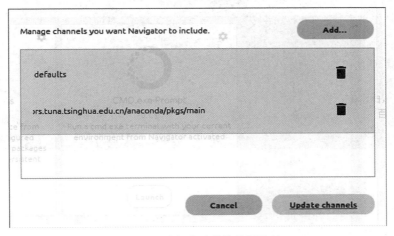

图 1.50　添加成功的镜像源地址

方法 2：命令行方式添加。

第 1 步：首先打开 Anaconda Prompt 窗口（见图 1.51）。

图 1.51　命令提示符窗口

第2步：输入命令"conda config --show channels"，按回车键后会显示当前存在的下载源。

第3步：手动添加镜像源（以清华大学的镜像源为例），输入以下命令：

conda config --add channels https：//mirrors.tuna.tsinghua.edu.cn/Anaconda/pkgs/main

conda config --add channels https：//mirrors.tuna.tsinghua.edu.cn/Anaconda/pkgs/free

conda config --add channels https：//mirrors.tuna.tsinghua.edu.cn/Anaconda/pkgs/r

conda config --add channels https：//mirrors.tuna.tsinghua.edu.cn/Anaconda/pkgs/pro

conda config --add channels https：//mirrors.tuna.tsinghua.edu.cn/Anaconda/pkgs/msys2

第4步：输入命令"conda config --show channels"，按回车键后会显示配置好的清华大学源（见图1.52）。

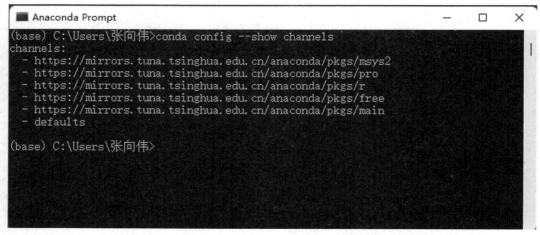

图1.52　命令提示符显示当前channels

第5步：更换镜像源。

并不是所有的镜像源都能满足用户的使用需求，这时可以更换下载源。首先需要删除清华大学镜像源：

conda config --remove channels https：//mirrors.tuna.tsinghua.edu.cn/Anaconda/pkgs/main

conda config --remove channels https：//mirrors.tuna.tsinghua.edu.cn/Anaconda/pkgs/free

conda config --remove channels https：//mirrors.tuna.tsinghua.edu.cn/Anaconda/pkgs/r

conda config --remove channels https：//mirrors.tuna.tsinghua.edu.cn/Anaconda/pkgs/pro

conda config --remove channels https：//mirrors.tuna.tsinghua.edu.cn/Anaconda/pkgs/msys2

然后添加中科大镜像源并显示检索路径如下：

conda config --add channels https：//mirrors.ustc.edu.cn/Anaconda/pkgs/free/

最后查看当前下载源：conda config --show channels（见图1.53）。

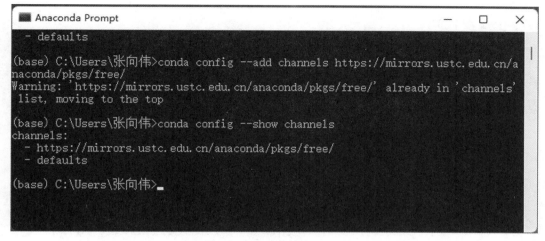

图 1.53　查看当前 channels

1.9.3.5　conda 环境配置的常见命令

(1) 恢复默认源，代码为"conda config --remove-key channels"。

(2) 删除 default 指令（上面是通过找到 .condarc 文件手动删除的，也可以通过命令直接删除），代码为"conda config --remove channels default"。

(3) 增加镜像源以及删除镜像源（以中科大镜像源为例），代码如下：

conda config --add channels https://mirrors.ustc.edu.cn/Anaconda/pkgs/free/

conda config --remove channels https://mirrors.ustc.edu.cn/Anaconda/pkgs/free/

(4) 创建环境，代码为"conda create -n envname"。

(5) 激活环境，代码为"conda activate envname"。

(6) 退出当前环境，代码为"conda deactivate envname"。

(7) 删除环境，代码为"conda remove -n envname --all"。

1.9.3.6　扩展库的使用

扩展库安装好后，直接以"import 库名"调用即可。需要注意的是，如果已经安装了库，但调用的时候找不到该库，多数是因为计算机上存在多个 Python 环境，安装与调用的环境不是同一个。

1.10 参考代码

(1)import qrcode。

```
img = qrcode.make("我爱学 Python")
img.save('qrtest.jpg')
```

(2)提前准备好头像文件"头像.jpg"并放在同目录下面。

```
import qrcode
from PIL import Image

text= 'https://y.music.163.com/m/song? id= 1413863166&userid= 1507531804&dlt= 0846&fx_wxqd_ab= c&fx- wechat- h5= c# ? thirdfrom= wx'

qr= qrcode.QRCode(version= 1, error_correction= qrcode.constants.ERROR_CORRECT_H, box_size= 5, border= 4)
qr.add_data(text)
qr.make(fit= True)

img= qr.make_image(fill_color= "green")

icon= Image.open('头像.jpg')
img_w, img_h = img.size
factor= 6
size_w= int(img_w / factor)
size_h= int(img_h / factor)
icon= icon.resize((size_w, size_h), Image.ANTIALIAS)

w = int((img_w - size_w) / 2)
h= int((img_h - size_h) / 2)
img.paste(icon, (w, h), mask= None)

img.save("二维码.png")
img.show()
```

实验 2　容器、流程控制语句的使用

2.1　实验项目

容器、流程控制语句的使用。

2.2　实验类型

设计型实验。

2.3　实验目的

(1) 掌握列表的功能和使用。
(2) 掌握元组的功能和使用。
(3) 掌握字典的功能和使用。
(4) 掌握集合的功能和使用。
(5) 掌握选择结构和循环结构 for、while 的使用。

2.4　知识点

(1) 列表的功能和使用。
(2) 元组的功能和使用。
(3) 字典的功能和使用。
(4) 集合的功能和使用。
(5) 选择结构和循环结构 for、while 的使用。

2.5　实验原理

列表、元组、字典、集合的定义及使用方法。

2.6　实验器材

计算机、Windows 10 操作系统、Anaconda、Jupyter Notebook。

2.7 实验内容

2.7.1 编程练习

(1)将列表中的所有数字都加 5,得到新列表。

(2)输入三个元组,输出三个元组中最大值相乘的结果和最大值出现的位置。

(3)生成包含 1000 个随机字符的字符串,统计每个字符的出现次数。

(4)已知有一个包含一些同学成绩的字典,现在需要计算所有成绩的最高分、最低分、平均分,并查找所有最高分的同学。

(5)编写一个程序,检查用户输入的三条边能否构成三角形,如果可以构成,判断三角形的类型(锐角三角形、钝角三角形还是直角三角形,以及是等腰三角形还是等边三角形)。

2.7.2 趣味小实验

自行搜索 turtle(海龟画图)库的使用方法,自己画一个简单的图形。

2.8 实验报告要求

(1)完成要求的程序编写,提交源代码和运行结果。

(2)比较列表、元组、字典和集合的异同。

(3)比较 for、while 循环的执行流程。

2.9 相关知识链接

2.9.1 random 模块

(1)random.random()用于生成一个 0～1 的随机浮点数 $n(0 \leqslant n < 1.0)$,代码如下:

```
import random
a = random.random()
print (a)
```

运行结果如图 2.1 所示。

```
import random
a = random.random()
print (a)
0.21528077433886206
```

图 2.1 random.random()的运行结果

(2)random.uniform(a,b)用于生成一个指定范围内的随机浮点数。两个参数中,一个是上限,另一个是下限。如果 a>b,则生成的随机数 n 满足 $b \leqslant n \leqslant a$;如果 a<b,则生成

的随机数 n 满足 a≤n≤b。代码如下：

```
import random
print(random.uniform(1,10))
print(random.uniform(10,1))
```

运行结果如图 2.2 所示。

```
import random
print(random.uniform(1,10))
print(random.uniform(10,1))

5.711933471239019
3.0393098447293436
```

图 2.2　random.uniform()的运行结果

(3)random.randint(a,b)用于生成一个指定范围内的整数。如果参数 a 是下限，参数 b 是上限，则生成的随机数 n 满足 a≤n≤b。代码如下：

```
import random
print(random.randint(1,10))
```

运行结果如图 2.3 所示。

```
import random
print(random.randint(1,10))

8
```

图 2.3　random.randint()的运行结果

(4)random.randrange([start],stop,[step])用于从指定范围内，按指定基数递增的集合中获取一个随机数。比如 random.randrange(10,30,2)，结果相当于从[10,12,14,16,…,26,28]序列中获取一个随机数。random.randrange(10,30,2)在结果上与 random.choice(range(10,30,2))等效。代码如下：

```
import random
print(random.randrange(10,30,2))
```

运行结果如图 2.4 所示。

```
import random
print(random.randrange(10,30,2))

28
```

图 2.4　random.randrange()的运行结果

（5）random.choice(sequence)用于从序列中获取一个随机元素。函数原型为 random.choice(sequence)，参数 sequence 表示一个有序类型。需要注意的是，sequence 在 Python 中不是一种特定的类型，而是泛指一系列的类型，list、tuple、字符串都属于 sequence。代码如下：

```
import random
lst = ['python','C','C++','javascript']
str1 = ('I love python')
print(random.choice(lst))
print(random.choice(str1))
```

运行结果如图 2.5 所示。

```
import random
lst = ['python','C','C++','javascript']
str1 = ('I love python')
print(random.choice(lst))
print(random.choice(str1))
javascript
p
```

图 2.5　random.choice()的运行结果

（6）random.shuffle(x[, random])用于将一个列表中的元素打乱，即将列表内的元素随机排列。代码如下：

```
import random
p= ['A','B','C','D','E']
random.shuffle(p)
print(p)
```

运行结果如图 2.6 所示。

```
import random
p=['A','B','C','D','E']
random.shuffle(p)
print(p)
['B', 'C', 'A', 'E', 'D']
```

图 2.6　random.shuffle()的运行结果

（7）random.sample(sequence,k)用于从指定序列中随机获取指定长度的片段并随机排列，注意 sample 函数不会修改原有序列。代码如下：

```
import random
lst= [1,2,3,4,5]
print(random.sample(lst,4))
print(lst)
```

运行结果如图 2.7 所示。

```
import random
lst=[1,2,3,4,5]
print(random.sample(lst,4))
print(lst)
```
[1, 4, 5, 2]
[1, 2, 3, 4, 5]

图 2.7　random.sample()的运行结果

2.9.2　map 函数

在 Python 编程语言中，map 函数是一个非常有用的函数，它可以对一个序列（如列表、元组或字符串）中的所有元素进行操作，并返回一个新的序列。

2.9.2.1　map 函数的基本语法

map 函数的基本语法为 map(function,iterable,…)，其中 function 是自定义的函数，iterable 是一个序列（如列表、元组或字符串）。map 函数会遍历 iterable 中的每个元素，将其作为参数传递给 function，并将所有的返回值组成一个新的迭代器对象。

下面的代码是一个简单的例子，演示如何使用 map 函数将一个列表中的数字都加 1：

```
numbers= [1,2,3,4,5]
def add_one(x):
    return x+ 1
result= map(add_one,numbers)
print(list(result))
```

输出结果为[2,3,4,5,6]。

在这个例子中，我们定义了一个 add_one 函数，该函数接受一个参数 x，并返回 x+1。然后，我们使用 map 函数将 add_one 函数应用于 numbers 列表中的每个元素，得到一个新的迭代器对象。最后，我们通过 list 函数将迭代器对象转换为列表并打印出来。

2.9.2.2　map 函数的高级用法

（1）使用匿名函数。除了定义一个单独的函数作为参数，我们还可以使用匿名函数（lambda 函数）来简化代码。下面的代码展示了如何使用匿名函数实现相同的功能：

```
numbers= [1,2,3,4,5]
result= map(lambda x:x+ 1,numbers)
print(list(result))
```

输出结果为[2,3,4,5,6]。

在这个例子中,我们使用 lambda 函数定义了一个匿名函数,该函数接受一个参数 x,并返回 x+1。然后,我们将该匿名函数应用于 numbers 列表中的每个元素,得到一个新的迭代器对象。

(2)同时使用多个序列。除了一个序列外,map 函数还可以接受多个序列作为参数。在这种情况下,传递给 function 的参数将是这些序列中对应位置的元素。下面的代码展示了如何将两个列表中的元素依次相加:

```
numbers1= [1,2,3,4,5]
numbers2= [5,4,3,2,1]
result= map(lambda x,y:x+ y,numbers1,numbers2)
print(list(result))
```

输出结果为[6,6,6,6,6]。

在这个例子中,我们使用 lambda 函数定义了一个匿名函数,该函数接受两个参数 x 和 y,并返回它们的和。然后,我们将该匿名函数应用于 numbers1 和 numbers2 这两个列表中对应位置的元素,得到一个新的迭代器对象。

2.9.2.3 map 函数的应用场景

(1)列表元素的类型转换。map 函数可以很方便地将一个列表中的元素转换为另一种类型。下面的代码展示了如何将一个字符串列表中的元素转换为整数类型:

```
numbers= ['1','2','3','4','5']
result= map(int,numbers)
print(list(result))
```

输出结果为[1,2,3,4,5]。

在这个例子中,我们使用 int 函数将每个字符串转换为整数,并应用于 numbers 列表中的每个元素。

(2)序列的元素操作。map 函数还可以用于对序列中的元素进行操作,例如对字符串列表中的每个字符串进行大小写转换,代码如下:

```
words= ['hello','world']
result= map(str.upper,words)
print(list(result))
```

输出结果为['HELLO','WORLD']。

在这个例子中,我们使用 str.upper 函数将每个字符串转换为大写,并应用于 words 列表中的每个元素。

(3)多个序列的元素操作。如果有多个序列,并且需要对它们对应位置的元素进行操作,可以使用 map 函数。下面的代码展示了如何将两个列表中的姓名和年龄进行合并:

```
names= ['Alice','Bob','Charlie']
ages= [25,30,35]
result= map(lambda name,age:name+ ' is '+ str(age)+ ' years old',
names,ages)
print(list(result))
```

输出结果为['Alice is 25 years old','Bob is 30 years old','Charlie is 35 years old']。
我们使用 lambda 函数将姓名和年龄进行合并,并应用于 names 和 ages 这两个列表中对应位置的元素。

2.9.3　string 模块

string 模块主要包含关于字符串的处理函数。下面将介绍字符串的大小写转换、判断函数以及字符串常规操作(填充、搜索、替换、分割、添加)。

2.9.3.1　大小写转换

大小写转换在整个 string 操作中还是比较重要的,主要分以下三种类型。

(1)全部大小写转换——upper()与 lower()。这两个函数用于将指定字符串变更大小写后新生成字符串存储。注意,这里是生成新的字符串来存放,所以不能作为操作来使用。其中,upper()负责将指定字符串变为大写,可以单独使用,也可以放到 print 函数中;lower()负责将指定字符串变为小写,可以单独使用,也可以放到 print 函数中。代码如下:

```
import string# string 模块已经内嵌,可以不用加
s= "ABcdef"
print(s.upper())
print(s.lower())
print("abcdef".upper())
print("QWERT".lower())
```

运行结果如图 2.8 所示。

```
import string #string模块已经内嵌，可以不用加
s="ABcdef"
print(s.upper())
print(s.lower())
print("abcdef".upper())
print("QWERT".lower())
```
```
ABCDEF
abcdef
ABCDEF
qwert
```

图 2.8　string 模块的大小写转换

（2）将字符串首部变更大小写——title()与 capitalize()。这两个函数中，title()将给定的字符串中所有单词的首字母大写，其他全部小写；capitalize()将给定的字符串中首字母大写，其他小写。这两个函数主要用于文稿改写等方面，代码如下：

```
import string
s= "abcde,qweRTY"
t= "abcde qweRTY"
# 以,隔开的单词
print(s.title())
print(s.capitalize())
# 以空格隔开的单词
print(t.title())
print(t.capitalize())
```

运行结果如图 2.9 所示。

```
1  import string
2  s="abcde,qweRTY"
3  t="abcde qweRTY"
4  #以,隔开的单词
5  print(s.title())
6  print(s.capitalize())
7  #以空格隔开的单词
8  print(t.title())
9  print(t.capitalize())
10
```
```
Abcde,Qwerty
Abcde,qwerty
Abcde Qwerty
Abcde qwerty
```

图 2.9　string 模块的大小写转换

很明显，title()函数的运行结果为第 1 行、第 3 行，第一个单词中的 a 和第二个单词中的 q 大写，其他全部小写。至于 capitalize()函数的运行结果对应的第 2 行、第 4 行，只有第一个单词中的 a 大写。

（3）大小写反转——swapcase()。函数 swapcase()的功能是将原字符串中的大写转

为小写，小写转为大写。我们以"qweASDrtZX"为例，函数运行结果应该为"QWEasdRTzx"。由于该函数使用较少，所以不予过多介绍。

2.9.3.2　is 类判断函数

is 类判断函数为一种判断函数，根据规定字符串判断是否符合，结果返回 True 或者 False。主要判断如下：

isdecimal()：判断给定的字符串是否全为数字。

isalpha()：判断给定的字符串是否全为字母。

isalnum()：判断给定的字符串是否只含有数字与字母。

islower()：判断给定的字符串是否全为小写。

isupper()：判断给定的字符串是否全为大写。

istitle()：判断给定的字符串是否符合 title() 函数。

isspace()：判断给定的字符串是否为空白符（空格、换行符、制表符）。

isprintable()：判断给定的字符串是否为可打印字符（只有空格可以，换行符、制表符都不可以）。

isidentifier()：判断给定的字符串是否符合命名规则（只能是字母或下划线开头，不能包含除数字、字母和下划线以外的任意字符）。

相关代码如下：

```python
import string
# 1234 全是数字，为 True
print("1234".isdecimal())
# asdf4 中 4 是数字不是字母，为 False
print("asdf4".isalpha())
# qwe12@ 中@ 既不是数字也不是字母，为 False
print("qwe12@ ".isalnum())
# asdf 全是小写，为 True
print("asdf".islower())
# ADS 全是大写，为 True
print("ADS".isupper())
# Wshd,qwe 中虽然 W 大写 但是第二个单词 qwe 中 q 小写 不符合 title()，所以为 False
print("Wshd,qwe".istitle())
# \n 为换行 是空白符，为 True
print("\n".isspace())
# \t 为制表符 不可打印，为 False
print("\t".isprintable())
# qe123 符合命名规则，为 True
print("qe123".isidentifier())
```

运行结果如图 2.10 所示。

```
1  import string
2  # 1234 全是数字 为True
3  print("1234".isdecimal())
4  # asdf4 中4是数字不是字母 为False
5  print("asdf4".isdigit())
6  # qwe12@ 中@既不是数字 也不是字母为False
7  print("qwe12@".isalnum())
8  # asdf全是小写 为True
9  print("asdf".islower())
10 # ADS全是大写 为True
11 print("ADS".isupper())
12 # Wshd，qwe中 虽然W大写 但是第二个单词qwe中q小写 不符合title()所以为False
13 print("Wshd，qwe".istitle())
14 # \n为换行 是空白符 为True
15 print("\n".isspace())
16 # \t为制表符 不可打印 为False
17 print("\t".isprintable())
18 # qe123 符合命名规则 为True
19 print("qe125".isidentifier())
20
```

```
True
False
False
True
True
False
True
False
True
```

图 2.10 is 类判断函数

2.9.3.3 字符串填充

字符串填充操作就是将一个特定长度的字符串,通过使用某个给定的字符,将其扩展至预定的长度。在这个过程中,有以下两个核心要素需要予以特别关注。

首先,我们需要确定扩展后的总长度,即所谓的"width"。只有当原始字符串的长度小于这个预设的"width"时,才会进行填充操作。反之,如果原始字符串的长度已经超过或等于这个预设值,那么系统就会直接返回原始字符串,而不进行任何填充。

其次,我们需要明确填充字符的位置。这个位置可以细分为三种情况:源字符串居左、居右或居中。当选择居中填充,即使用"center(width)"方法时,原始字符串会位于扩展后字符串的正中央,而填充字符则会均匀地分布在原始字符串的两侧。当选择居左填充,即使用"ljust(width)"("l"为"left"的缩写)方法时,原始字符串会位于扩展后字符串的左侧,而填充字符则会全部出现在原始字符串的右侧。同样地,当选择居右填充,即使用"rjust(width)"("r"为"right"的缩写)方法时,原始字符串会位于扩展后字符串的右侧,而填充字符则会全部出现在原始字符串的左侧。

此外,还有一点值得特别注意,即填充字符"fillchar"是可以自定义的。虽然系统默认使用空格作为填充字符,但我们可以根据需要将其更改为任意其他字符。这种灵活性使得填充操作在处理各种复杂字符串格式时更加得心应手。

以字符串"qwer"居左填充为长度为 10 的字符串,填充物为"+"为例,代码如下:

```
import string
print("qwer".ljust(10,"+ "))
```

运行结果如图2.11所示。

```
1  import string
2  print("qwer".ljust(10,"+"))

qwer++++++
```

图2.11 ljust(width)运行结果

这里着重介绍一下 zfill(width)函数。一方面,zfill(width)函数只需要传入参数width 即可,填充物为"0",采用居右填充的方式;另一方面,该函数会识别字符串的正负,若为"+"或者"-"则不变,越过继续填充。代码如下:

```
import string
# 不加"+ ""- "纯数字,用填充物"0"将字符串前填充满
print("12345".zfill(10))
# 加"- "纯数字,越过"- "用填充物"0"将字符串前填充满
print("- 125".zfill(10))
# 加"+ "数字字母组合,越过"+ "用填充物"0"将字符串前填充满
print("+ qwe125".zfill(10))
# 加其他符号,用填充物"0"将字符串前填充满
print("# qwe12".zfill(10))
```

运行结果如图2.12所示。

```
1  import string
2  # 不加"+""-"纯数字,用填充物"0"将字符串前填充满
3  print("12345".zfill(10))
4  # 加"-"纯数字,越过"-"用填充物"0"将字符串前填充满
5  print("-125".zfill(10))
6  # 加"+"数字字母组合,越过"+"用填充物"0"将字符串前填充满
7  print("+qwe125".zfill(10))
8  # 加其他符号,用填充物"0"将字符串前填充满
9  print("#qwe12".zfill(10))

0000012345
-000000125
+000qwe125
0000#qwe12
```

图2.12 zfill(width)运行结果

2.9.3.4 子字符串搜索

(1)子字符串位置搜索函数 count(sub[,start[,end]])主要用于搜索指定字符串是否具有给定的子字符串 sub,若具有则返回出现次数。start 与 end 代表搜索边界,若无则代表全字符串搜索。代码举例如下:

```
import string
# 全部字符串内搜索 qwe 出现的次数
print("qwertasdqwezxcqwe".count("qwe"))
# 由于字符串从 0 开始计数,1 为字符串第二个,相当于从 w 开始
print("qwertasdqwezxcqwe".count("qwe",1))
# 从字符串第 2 个开始到第 15 个截止,共出现 qwe 的次数
print("qwertasdqwezxcqwe".count("qwe",1,14))
```

运行结果如图 2.13 所示。

```
1  import string
2  # 全部字符串内 搜索qwe 出现的次数
3  print("qwertasdqwezxcqwe".count("qwe"))
4  # 由于字符串从0开始计数,1为字符串第二个,相当于从w开始
5  print("qwertasdqwezxcqwe".count("qwe",1))
6  # 从字符串第 2个开始到第15个截止,共出现qwe的次数
7  print("qwertasdqwezxcqwe".count("qwe",1,14))
8
```

```
3
2
1
```

图 2.13 string 模块的子字符串搜索

(2)字符串开始与结尾判断函数分别为 startswith(prefix[,start[,end]])与 endswith(suffix[,start[,end]])。

这两个函数作用相同,即判断函数的开始或者末尾的字符串是否为指定字符串。与之前的搜索相同,可以给字符串加边界,若无则为全字符串搜索。这两个函数都属于判断函数,返回结果为 True 或 False。需要强调的是,这里不仅可以输入子字符串,而且可以输入元组,若为元组只要有一个为真即返回 True。代码举例如下:

```
import string
# 搜索开头位置为 qwe,这里符合条件,为 True
print("qwertasdqwezxcqwe".startswith("qwe"))
# 开头位置从索引 1 开始,即从 wer 开始,与检索的 qwe 不同,为 False
```

```
print("qwertasdqwezxcqwe".startswith("qwe",1))
# 结尾位置为 qwe 符合条件,为 True
print("qwertasdqwezxcqwe".endswith("qwe"))
```

运行结果如图 2.14 所示。

```
1  import string
2  # 搜索开头位置为qwe,这里符合条件为True
3  print("qwertasdqwezxcqwe".startswith("qwe"))
4  # 开头位置从索引1开始,即从wer开始,与检索的qwe不同,为False
5  print("qwertasdqwezxcqwe".startswith("qwe",1))
6  # 结尾位置为qwe符合条件,为True
7  print("qwertasdqwezxcqwe".endswith("qwe"))
```

```
True
False
True
```

图 2.14　string 模块的字符串开始与结尾判断

(3)字符串位置锁定——find/rfind 与 index/rindex 函数：

①find(sub[,start[,end]])函数的作用是返回第一个子字符串的位置信息,若无则为-1。

②rfind(sub[,start[,end]])函数的作用是返回最右边第一个子字符串的位置信息,若无则为-1。

③index(sub[,start[,end]])函数的作用是返回第一个子字符串的位置信息,若无则报错。

④rindex(sub[,start[,end]])函数的作用是返回最右边第一个子字符串的位置信息,若无则报错。

从传参可以看出,查询位置函数也可以限定边界,使用方法同前述函数,如表 2.1 所示。

表 2.1　string 模块的字符串开始与结尾判断

位置	0	1	2	3	4	5	6	7	8	9	10	11	12	13	14	15	16
字符	q	w	e	r	a	q	w	e	s	f	g	z	q	w	e	o	p

以 qwe 为例子:find 为返回第一个,所以为 0;rfind 为返回最右边第一个,所以为 12;index 为返回第一个,所以为 0;rindex 为返回最右边的第一个,所以为 12。相关代码如下:

```
import string
s= "qweraqwesfgzqweop"
print(s.find("qwe"))
print(s.rfind("qwe"))
print(s.index("qwe"))
print(s.rindex("qwe"))
```

运行结果如图 2.15 所示。

```
1  s="qweraqwesfgzqweop"
2  print(s.find("qwe"))
3  print(s.rfind("qwe"))
4  print(s.index("qwe"))
5  print(s.rindex("qwe"))
```

```
0
12
0
12
```

图 2.15　string 模块的字符串开始与结尾判断运行结果

注意,以上情况均为找到对应子字符串的结果;若未找到,则运行结果为 find 返回 −1,index 报错,如图 2.16 和图 2.17 所示。

```
1  s="q1weraq1wesfgz1q1weop"
2  print(s.find("qwe"))
3  print(s.index("qwe"))
```

图 2.16　string 模块的字符串开始判断返回值

```
ValueError                    Traceback (most recent call last)
Cell In[36], line 3
     1  s="q1weraq1wesfgz1q1weop"
     2  print(s.find("qwe"))
---> 3  print(s.index("qwe"))

ValueError: substring not found
```

图 2.17　string 模块的字符串结尾判断返回值

2.9.3.5　字符串替换

字符串替换的命令格式为 replace(old,new[,count]),其中 old 为被替换的字符串,new 为替换的字符串,即查找 count 个满足条件的旧字符串(old)并替换成新字符串(new)。该函数可将搜索到的字符串改为新字符串。作为替代函数,旧字符串与新字符串是必须输入的。count 是可选择输入的参数,代表更改个数。相关代码如下:

```
import string
s= "qweraqwesfgzqweop"
# 将字符串全部的 qwe 换为 asd
print(s.replace("qwe","asd"))
# 将字符串前两个 qwe 换为 asd
print(s.replace("qwe","asd",2))
# 将字符串全部的 qew 换为 asd    没有则输出原字符串
print(s.replace("qew","asd"))
```

运行结果如图 2.18 所示。

```
1  import string
2  s="qweraqwesfgzqweop"
3  # 将字符串全部的qwe 换为asd
4  print(s.replace("qwe","asd"))
5  # 将字符串前两个qwe 换为asd
6  print(s.replace("qwe","asd",2))
7  # 将字符串全部的qew 换为asd 没有则输出原字符串
8  print(s.replace("qew","asd"))
9
```

asdraasdsfgzasdop
asdraasdsfgzqweop
qweraqwesfgzqweop

图 2.18 string 模块的字符串替换

2.9.3.6 字符串分割

字符串分割常用函数为 partition() 和 rpartition()。partition(sep) 对给定字符串进行切割,切割成三部分。首先搜索到字符串 sep,将 sep 之前的部分作为一部分,sep 本身作为一部分,剩下的作为一部分。

partition() 与 rpartition() 十分相似,主要不同体现在当字符串中没有指定的 sep 时,partition() 分为三部分:字符串、空白、空白,rpartition() 也分为三部分:空白、空白、字符串。具体如图 2.19 所示。

位置	0	1	2	3	4	5	6	7	8	9	10	11	12	13	14	15
字符	q	w	e	r	t	y	u	a	s	d	f	g	h	j	k	l
	第一部分					第二部分			第三部分							

sep = yua (存在) 第一部分:qwert   第二部分:yua   第三部分:sdfghjkl

Sep = asqe (不存在)
Partition()   rpartition()
第一部分:qwertyuasdfghjkl   第一部分:
第二部分: 第二部分:
第三部分: 第三部分:qwertyuasdfghjkl

图 2.19 string 模块的字符串分割

代码如下:

```
import string
t= "qwertyuasdfghjkl"
print(t.partition("yua"))
print(t.partition("asqw"))
print(t.rpartition("asqw"))
```

运行结果如下：

```
('qwert','yua','sdfghjkl')
('qwertyuasdfghjkl','','')
('', '', 'qwertyuasdfghjkl')
```

另外两种常见的函数为 split(sep=None，maxsplit=-1)和 rsplit(sep=None，maxsplit=-1)。split()函数传参两种：sep 为切割，默认为空格；maxsplit 为切割次数，给值-1 或者 none，将会从左到右每一个 sep 切割一次；rsplit()函数与 split()函数相同，但是其遍历方式为从右到左，最常见的形式是在输入时与 input 一起使用，可以根据空格将输入内容分割成一个列表，代码如下：

```
import string
t= input().split()
print(t)
```

例如，如果输入"Hello world !"，则输出 t 为['Hello'，'world'，'!']

2.9.3.7 字符串添加 join()

字符串添加函数 join()的作用是将可迭代数据用字符串连接起来。首先需要理解什么是可迭代数据。简单来说，就是字符串(string)、列表(list)、元组(tuple)、字典(dict)、集合(set)。每个参与迭代的元素必须是字符串类型，不能包含数字或其他类型。代码举例如下：

```
import string
# 字符串类型
a= "qwer"
print("_".join(a))
# 元组类型
b= ("a","b","c","d")
print("= ".join(b))
# 集合类型
c= {"qwe","asd","zxc"}
print(" ".join(c))
```

上面的例子为字符串类型，所以每一个字符之间都用之前的字符串来交叉。同理，元组也是，元与元之间都要加入字符串"="。集合也是这样，但是需要注意集合的无序性，所以顺序可能颠倒。以上代码运行结果如图 2.20 所示。

```
1  import string
2  #字符串类型
3  a="qwer"
4  print("_".join(a))
5  #元组类型
6  b=("a","b","c","d")
7  print("=".join(b))
8  #集合类型
9  c={"qwe","asd","zxc"}
10 print(" ".join(c))
```

q_w_e_r
a=b=c=d
asd zxc qwe

图 2.20 字符串 join()连接运行结果

由于参与迭代的每个元素必须是字符串类型，不能包含数字或其他类型，因此 L1＝(1,2,3)或者 L2＝('AB',{'a','cd'})是会报错的。

2.9.3.8 字符串修剪

字符串修剪常用函数为 strip([chars])、lstrip([chars])、rstrip([chars])等，其中 strip()是为移除指定字符串 char，如果没传入参数则为移除空格、制表符、换行符；lstrip()中 l 为 left 缩写，函数表示从左到右遍历；rstrip()中 r 为 right 缩写，函数表示从右到左遍历。注意，移除为到非 char 截止。代码举例如下：

```
import string
a= "    qweasdzxcrtqwe    "
print(a.strip())
b= "qweasdzxcrtqwe    "
print(b.lstrip('q'))
c= "    qweasdzxcrtqwe"
print(c.rstrip('qew'))
```

上面的代码中，a 为制表符加字符串，由于 strip()未传入参数，因此删除空白；b 使用 lstrip()传入参数 q，字符串从左开始第一个为 q，是传入参数，移除，第二个为 w，不是传入参数，修剪停止，将剩下的所有内容输出；c 使用 rstrip()传入参数 qew，字符串从右开始第一个为 q，在传入参数中，同理第二个、第三个也在传入参数中，所以移除，第四个为 t，不在传入参数中，将剩下的所有内容输出。代码运行结果如图 2.21 所示。

```
1  import string
2  a="    qweasdzxcrtqwe    "
3  print(a.strip())
4  b="qweasdzxcrtqwe    "
5  print(b.lstrip('q'))
6  c="    qweasdzxcrtqwe"
7  print(c.rstrip('qew'))
```

qweasdzxcrtqwe
weasdzxcrtqwe
    qweasdzxcrt

图 2.21　string 模块的字符串修剪

2.9.4　join 函数

join 函数具体表示为 string.join()。Python 中有 join() 和 os.path.join() 两个函数,其中 join() 的作用是连接字符串数组,将字符串、元组、列表中的元素以指定的字符(分隔符)连接生成一个新的字符串;而 os.path.join() 的作用是将多个路径组合后返回。

2.9.4.1　函数说明

(1)join 函数

语法:'sep'.join(seq)。

参数说明:sep 为分隔符,可以为空;seq 为要连接的元素序列,如字符串、元组、字典等。

用法:以 sep 作为分隔符,将序列 seq 中的所有元素组合成一个新的字符串。返回值为一个以分隔符 sep 连接 seq 中各元素后生成的新的字符串。

(2)os.path.join 函数

语法:os.path.join(path1[,path2[,……]])。

返回值:将多个路径组合后返回。

注:第一个绝对路径之前的参数将被忽略。

2.9.4.2　实例

对序列进行操作(分别使用' '与':'作为分隔符),代码如下:

```
seq1= ['hello','good','boy','doiido']
print(' '.join(seq1))
```

输出结果为"hello good boy doiido"。

```
print(':'.join(seq1))
```

输出结果为"hello:good:boy:doiido"。
对字符串进行操作,代码如下:

```
seq2= "hello good boy doiido"
print(':'.join(seq2))
```

输出结果为"h:e:l:l:o: :g:o:o:d: :b:o:y: :d:o:i:i:d:o"。
对元组进行操作,代码如下:

```
seq3= ('hello','good','boy','doiido')
print(':'.join(seq3))
```

输出结果为"hello:good:boy:doiido"。
对字典进行操作,代码如下:

```
seq4= {'hello':1,'good':2,'boy':3,'doiido':4}
print(':'.join(seq4))
```

输出结果为"boy:good:doiido:hello"。
合并目录,代码如下:

```
import os
os.path.join('/hello/','good/boy/','doiido')
```

输出结果为"/hello/good/boy/doiido"。

2.9.5 get 函数

2.9.5.1 get 函数利用键来获取值

在 Python 字典中,我们经常使用 print(dict[key])的方式来根据键获取对应的值,并打印出来。然而,这种方法存在一个明显的缺点:当试图访问的键在字典中不存在时,程序会抛出一个 KeyError 异常,并终止运行。这显然不是我们想要的结果,因为它会导致程序崩溃,无法继续执行后续的代码。

为了解决这个问题,Python 提供了 get 函数,这是一个更为安全和灵活的函数,用来从字典中获取键值。当我们使用 get 函数,并指定一个键作为参数时,如果该键在字典中存在,get 函数就会返回对应的值;如果该键在字典中不存在,get 函数则会返回一个 None 对象,而不是抛出异常。这种处理方式使程序在遇到不存在的键时,依然能正常运行而不会中断。这对于编写稳定的代码来说是非常重要的。

因此，尽管 print(dict[key])这种方式简单、直接，但在实际编程中，我们更推荐使用 get 函数来从字典中获取键值，以避免因键不存在而导致程序崩溃问题。具体形式为 print(dict.get(key))。

2.9.5.2 利用字典统计列表中元素出现次数

比如现在有这么一个列表，需统计列表中部分元素出现的次数，代码如下：

```
ls= ['aa','b','c','ddd','aa']
# 统计列表中每个元素出现次数：
cou= {}# 创建一个空字典
for i in ls:
    cou[i]= cou.get(i,0)+ 1      # 之后称其为 get 的赋值语句,目的是新建字典键值对
    '''
       赋值语句代码等价于
    cou[i]= 0
    cou[i]= cou[i]+ 1
    '''
print(cou)
```

输出结果为{'aa' : 2, 'b' : 1, 'c' : 1, 'ddd' : 1}。

get 函数在这里有两个参数：第一个是确定要分配值的键，第二个是拟定给键分配一个初值，但实际要给键赋值仍需要 get 赋值语句，比如：

```
cou.get('b',10)    # 拟定初值语句
```

拟定初值语句本身对结果是没有影响的，因为并没有实际对键进行赋值的语句操作；拟定初值语句是因为没有在字典中找到要赋值的键，其根本原因是没有创建要赋值的键，因此赋值失败，即相当于一个没有返回值的函数，即便给函数赋参数了也没有任何返回结果。

注意，get 函数在作为键赋值语句(非拟定赋值语句，区别看上述代码框内注释)时，只有第一次是有效的，比如 get 函数在第一次对'aa'这个键使用 get 赋值语句后，下次再使用 get 赋值语句时，键的值仍为第一次赋值运算后的结果。以下为测试代码：

```
ls= ['aa','b','c','ddd','aa']
cou= {} # 创建一个空字典
for i in ls:
    cou[i]= cou.get(i,0)+ 1    # 功能逻辑看下方阐述
cou['aa']= cou.get('aa',10)    # 功能同前一条代码执行到第二次时的
print(cou)
```

这里着重讲一下第 4 行代码 cou[i]＝cou.get(i,0)＋1。第 4 行代码执行了两次,但 get 语句每次执行时的功能是不一样的。

第一次为 cou[i]＝cou.get(i,0)＋1(i＝'aa'),此时 get 语句的功能为赋初值,即把键 'aa' 的初值置为 0 然后加 1。

第二次为 cou[i]＝cou.get(i,0)＋1(i＝'aa'),因 get 语句已经作为赋值语句出现过一次了,因此此时再执行这条语句时,赋值功能已经无效了,也就是 get 语句里第二个参数对 'aa' 这个键已经无效了,此时 get 语句的功能为本实验第一大部分所介绍的功能,所以这条语句此时可等价为 cou[i]＝cou.get(i)＋1,即 cou[i]＝cou[i]＋1,输出结果和之前的代码结果相同,即{'aa':2,'b':1,'c':1,'ddd':1}。

当单独使用 get 赋值语句时,如果键是第一次出现的话,效果等同于赋值语句(和之前在空字典里通过 for 循环建立新键值对效果一样),即 cou['e']＝cou.get(e,10),输出结果为{'aa':10,'b':1,'c':1,'ddd':1,'e':10}。

需要说明的是,如果想直接改变字典中键的值,可用如下代码:

```
cou['aa']= 10   # 这种赋值语句带有强制性
print(cou)
```

输出结果为{'aa':10,'b':1,'c':1,'ddd':1}。

dict.get(key)和 dict[key]在 key 值存在的情况下,都能得到对应的键值。但是当使用 dict[key]时,key 必须存在,否则会报错,而 dict.get[key]中的 key 可以不存在,因为 get 方法有一个默认的参数 None,当 key 不存在的时候返回 None。

2.9.6　eval 函数

该函数是 Python 中的一个功能极为强大的内置函数,其主要作用在于能够解析并执行传入的字符串表达式,然后返回该表达式的运行结果。换句话说,eval 函数允许我们将字符串视为一个有效的 Python 表达式,并对其进行求值运算,最终给出该表达式的计算结果。这一特性使得 eval 函数在处理数据类型转换时表现出色,特别是当需要在 list(列表)、dict(字典)、tuple(元组)与 string(字符串)之间进行转换时。同时,我们也要注意到,Python 中的 string 函数同样能执行数据类型转换的操作,它可以将 list(列表)、dict(字典)和 tuple(元组)等数据类型转换为字符串类型。不过,与 eval 函数不同的是,string 函数是单向的,只能将数据转换为字符串,而无法像 eval 函数那样灵活地进行多种数据类型的互相转换。

2.9.6.1　eval 函数的语法

eval 函数的具体形式为 eval(expression[,globals[,locals]]),相关组成部分介绍如下:

expression：表达式。

globals：（可选参数）变量作用域，全局命名空间，如果被提供，则必须是一个字典对象。

locals：（可选参数）变量作用域，局部命名空间，如果被提供，可以是任何映射对象。

既然 eval 函数有两个可选参数是命名空间，故下面介绍一下命名空间的相关知识。

2.9.6.2 命名空间

命名空间可以被视作一个将名称映射到具体对象的系统。在 Python 中，这种机制被用来追踪和管理变量的生命周期和可见性。从实现的角度来看，命名空间实质上就是一个字典（dictionary），其中键（key）代表变量名，而值（value）则是与这些变量名相关联的数据对象。Python 中的每个命名空间都是相互独立的，彼此之间并不产生直接的关联或影响。这意味着，虽然同一个命名空间内部不允许存在重复命名的变量，但在不同的命名空间中，却可以存在同名的变量而不会引发任何冲突或问题。这样的设计确保了代码的模块化和封装性，使得不同的代码块或模块可以独立地定义和使用自己的变量，而不会对其他部分的代码造成干扰或混淆。

在 Python 程序的执行过程中，会存在两个或三个活动的命名空间，这取决于函数的调用状态。当函数被调用时，会同时存在三个命名空间；而当函数调用结束后，则减少到两个。这些命名空间根据变量定义的位置，可以进一步细分为以下三个主要类别：

首先是局部命名空间，也被称为 local 命名空间。这是每个函数所拥有的独立命名空间，它详细记录了在该函数中定义的所有变量。这些变量包括但不限于函数的入参，即在函数调用时传入的参数，以及函数内部定义的所有局部变量。这些局部变量仅在该函数内部可见，并在函数执行完毕后销毁。

其次是全局命名空间，也被称为 global 命名空间。这个命名空间在每个模块加载并执行时创建，它包含了在模块级别定义的所有变量。这些变量可能包括模块中定义的函数、类、从其他模块中导入的模块、模块级别的变量以及常量等。与局部命名空间不同，全局命名空间中的变量在整个模块中都是可见的。

最后是 Python 自带的内建命名空间，也被称为 built-in 命名空间。这个命名空间是 Python 语言自带的，其中包含了 Python 的内置函数和异常等。这个命名空间是全局的，意味着在任何模块中都可以直接访问它，不需要额外的导入或声明。无论是进行基础的数学运算，还是处理字符串、列表等数据结构，或是完成文件操作、网络通信等复杂任务，都可以直接利用这个命名空间中的内置函数。

2.9.6.3 生命周期

local（局部命名空间）是特定用于函数调用的临时存储空间。当函数被调用时，这个命名空间才被创建，并在函数执行期间存在。它包含了函数中定义的所有局部变量，这些变量仅在该函数调用的上下文中有效。一旦函数返回结果或者因异常而终止，这个局部命名空间就会被销毁。值得注意的是，对于递归函数，每一次递归调用都会生成一个新的局部命名空间，以确保每次调用的变量状态是独立的。

global（全局命名空间）则是与整个模块相关联的。当 Python 模块被加载到内存中时，全局命名空间便随之创建，并在整个模块的生命周期内持续存在。这个命名空间包含了模块级别的所有变量、函数、类等定义。除非 Python 解释器被关闭，否则全局命名空间会一直保留在内存中。

built-in（内建命名空间）是 Python 解释器在启动时自动创建的，它包含了 Python 语言的所有内置函数、异常和其他基础构造。这个命名空间是全局可访问的，并且在 Python 解释器的整个运行过程中都会持续存在，直到解释器退出时才会被销毁。

命名空间的创建和销毁顺序遵循一个明确的流程：当 Python 解释器启动时，首先会创建内建命名空间。随后，当模块被加载时，会创建对应的全局命名空间。在模块中的函数被调用时，会动态地创建局部命名空间。当函数调用结束时，这个局部命名空间就会被销毁。最后，当 Python 虚拟机（即解释器）退出时，全局命名空间和内建命名空间才会被销毁。

在 Python 中，全局命名空间的内容被存储在一个名为 globals() 的字典对象中，而局部命名空间的内容则被存储在一个名为 locals() 的字典对象中。这两个函数非常有用，因为它们允许开发者在运行时检查当前作用域内的所有变量。特别需要指出的是，通过调用 print(locals()) 函数，我们可以查看当前函数体内的所有变量名和对应的值，这对于调试和理解代码的执行状态非常有帮助。相关代码如下：

```
print(locals())    # 打印显示所有的局部变量
...
{'__name__': '__main__', '__doc__': None, '__package__': None, '__loader__': <_frozen_importlib_external.SourceFileLoader object at 0x000001B22E13B128>,
'__spec__': None, '__annotations__': {}, '__builtins__': <module 'builtins' (built-in)>, '__file__': ' D:/pythoyworkspace/file_demo/Class_Demo/pachong/urllib_Request1.py',
'__cached__': None, 's': '1+ 2+ 3* 5- 2', 'x': 1, 'age': 18}
Process finished with exit code 0
```

2.9.6.4 参数查找

当后两个参数都为空时很好理解，就是一个 string 类型的算术表达式，计算出结果即可，其等价于 eval(expression)。当 locals 参数为空，globals 参数不为空时，应先查找 globals 参数中是否存在变量并计算。当两个参数都不为空时，应先查找 locals 参数，再查找 globals 参数。

2.9.6.5 eval 函数的使用演示

无参实现字符串转化的代码为：

```
s = '1+ 2+ 3* 5- 2'
print(eval(s))
```

输出结果为 16。

字符串中有变量也可以，相关代码如下：

```
x = 1
print(eval('x+ 2'))
```

输出结果为 3。

字符串转字典的代码为：

```
print(eval("{'name':'linux','age':18}"))
```

输出结果为{'name' : 'linux' , 'age' : 18}。

eval 函数传递全局变量参数，注意字典里的 age 中的 age 没有带引号，说明它是个变量，而不是字符串。

两个参数都是全局变量参数的代码为：

```
print(eval("{'name':'linux','age':age}",{"age":1822}))
```

输出结果为{'name' : 'linux' , 'age' : 1822}。

```
print(eval("{'name':'linux','age':age}",{"age":1822},{"age":1823}))
```

输出结果为{'name' : 'linux' , 'age' : 1823}。

eval 函数传递本地变量，即有 globals 和 locals 时，变量值先从 locals 中查找，代码为：

```
age= 18
print(eval("{'name':'linux','age':age}",{"age":1822},locals()))
```

输出结果为{'name' : 'linux' , 'age' : 18}。

```
print("- - - - - - - - - - - - - - - - - - ")
print(eval("{'name':'linux','age':age}"))
s = input("输入一个表达式")
```

输入一个表达式"1+3+4+4*3"，所用函数如下：

```
print(eval(s))
```

输出结果为 20。

eval 函数虽然方便,但是要注意安全性,若可以将字符串转成表达式并执行,就可以利用执行系统命令进行删除文件等操作。

>>>eval("__import__('os').system('dir')")
驱动器 C 中的卷是 OS,卷的序列号是 B234-8A38。
C:\Users\Robot_TENG 的目录如下:

```
2023-07-01  09:11    <DIR>          .
2023-07-01  09:11    <DIR>          ..
2023-11-23  16:15    <DIR>          .android
2023-12-23  00:02    <DIR>          .conda
2023-12-06  19:08                20 .dbshell
2023-12-01  19:28    <DIR>          .eclipse
2023-01-22  22:46    <DIR>          .idea-build
2023-12-31  14:49    <DIR>          .IdeaIC2023.1
2023-01-22  21:21    <DIR>          .IdeaIC2023.2
2023-07-01  09:11    <DIR>          .ipynb_checkpoints
2023-12-19  20:04    <DIR>          .ipython
2023-07-01  09:30    <DIR>          .jupyter
               5 个文件          1,362 字节
              34 个目录 72,365,862,912 可用字节
```

2.9.7 turtle 画图用法和常用命令

(1)基本框架如下:

```
import turtle as t
t.shape('turtle')
# code here!
t.done() # 本行命令亦可不加
```

(2)设置命令

设置画布:turtle.set_defaults。
设置画布:turtle.Turtle('turtle') 或者'circle'。
获取画布:turtle.getscreen()。
设置背景:turtle.bgcolor('pink')。
命令结尾:turtle.done()。
颜色格式:'red','#00ff00','#fa0','rgb(0,0,200)'。

切换角度和弧度:p.degrees()　　p.radians()。

重置命令:p.reset()。

画笔设置:设定速度0～10 t.speed(5)。

设定宽度:p.width(5)。

设定线颜色:p.color()。

设定填充色:p.fillcolor()。

抬笔落笔:p.up()　　p.down()。

切换角度和弧度:p.degrees()　　p.radians()。

(3)绘图命令

前进与后退:p.forword(100)　　p.back(100)。

左右转:p.left(90)　　p.right(90)。

到达位置:p.goto(0,0)　　p.setx(0)　　p.sety(0)。

设置角度:p.seth(90)。

回到原点并立直:p.home()。

画圆画点:p.circle(100,'red')　　p.dot(10,'green')。

绘制文字:p.write("I love Brython!",font=("Simhei",20,"normal"),align='center')。

(4)获取状态

当前位置:p.pos() 结果如(0,100)。

当前 x 或 y 位置:p.xcor()　　t.ycor()。

当前角度:p.heading(0,0) 结果如 90 度。

当前位置连线某点的角度:p.towards(0,0) 结果如 45 度。

当前位置到某点的距离:p.distance(0,0) 结果如 100。

是否处于落笔状态:p.isdown()。

2.10 参考代码

(1)把列表中的所有数字都加 5,得到新列表,代码如下:

```
import random# 导入 random 模块
x= list(random.sample(range(1,100),10))# 从 1 到 100 的范围内,随机抽取 10 个数
print(x)
y= []
for i in x:
    y.append(i+ 5)
print(y)
```

(2)输入三个元组,输出三个元组中最大值相乘的结果和最大值出现的位置,参考下面的代码1:

```
maxlist = []
maxindex = []
for i in range(3):
    list1 = []
    while True:
        a = input(f'请输入第{i+ 1}个元组的各个元素,输入一个元素后请敲回车,输入 N 结束输入')
        if a == 'N':
            break
        else:
            try:
                list1.append(int(a))
            except ValueError:
                print('请输入数字!')
                continue
    tuple1 = tuple(list1)
    print(f'读者输入的第{i+ 1}个元组为:{tuple1}')
    max_num = max(tuple1)
    max_index = tuple1.index(max_num)
    maxlist.append(max_num)
    maxindex.append(max_index)
    print(f'第{i+ 1}个元组中的第{max_index+ 1}个元素最大,即 tuple1[{max_index}]最大,最大值为{max_num}。')
plus3 = 1
for i in maxlist:
    plus3 *= i
print(f'三个元组中最大值的乘积为{plus3}')
```

也可以参考下面的代码 2:

```
x = input("input first list:")
x = list(map(int,x.split()))
i = max(x)
iPos = x.index(i)
y = input("input second list:")
y = list(map(int,y.split()))
j = max(y)
```

```
    jPos = y.index(j)
    z = input("input third list:")
    z = list(map(int,z.split()))
    k = max(z)
    kPos = z.index(k)
    print("max is ",i* j* k,",position is % d,% d,% d."% (iPos,jPos,kPos))
```

（3）生成包含1000个随机字符的字符串,统计每个字符的出现次数,相关代码如下:

```
import string
import random
x = string.ascii_letters + string.digits + string.punctuation
y = [random.choice(x) for i in range(1000)]
print(y)
z = ''.join(y)
print("生成的随机字符串为:",z)
d = dict()                      # 使用字典保存每个字符出现次数
for ch in z:
    d[ch] = d.get(ch, 0) + 1# 注意Python字典的get()函数的用法
print(d)
```

（4）已知有一个包含一些同学成绩的字典,现在需要计算所有成绩的最高分、最低分、平均分,并查找所有最高分的同学,相关代码如下:

```
    scores= {"张三":45,"李四":78,"王五":40,"周六":96,"赵七":65,"孙八":90,"郑九":78,"吴十":99,"董11":60,"张12":45,"李13":78,"王14":34,"周15":96,"赵16":65,"孙17":90,"郑18":78,"吴19":99}
    max_score= max(scores.values())
    print('最高分为:% d'% max_score)
    min_score= min(scores.values())
    print('最低分为:% d'% min_score)
    len_scores= len(scores)
    sum_scores= sum(scores.values())
    avg_score= sum_scores/len_scores
    # 寻找所有最高分的同学
    max_score_name= ''
```

```
# 对字典进行遍历,要看每一个的value值与最高分比对,然后找出这个同学,即key,所以:
for key,value in scores.items():
    if value= = max_score:
        max_score_name= max_score_name+ key+ ' '
print('最高分的同学有:'+ max_score_name)
print('平均成绩为% .2f'% avg_score)
```

(5)编写一个程序,检查用户输入三条边能否构成三角形,如果可以构成,请判断三角形的类型(锐角三角形、钝角三角形还是直角三角形,以及是等腰三角形还是等边三角形)。

可以参考下面的代码1:

```
a,b,c= input('请输入三角形三条边的边长(用空格分格):').split(' ')
print(a)
print(type(a))
x,y,z= sorted([int(a),int(b),int(c)],reverse= True)
print(x,y,z)
if x> y+ z:
    print('不能构成三角形! ')
else:
    if x= = y= = z:
        print('等边三角形! ')
    elif x= = y or x= = z or y= = z:
        print('等腰三角形! ')
    if x* * 2> y* * 2+ z* * 2:
        print('钝角三角形! ')
    elif x* * 2= = y* * 2+ z* * 2:
        print('直角三角形! ')
    else:
        print('锐角三角形! ')
```

也可以参考下面的代码2:

```
"""
本程序完成对输入的三条边进行判断,如果构成三角形,则可以判断是锐角三角形、钝角三角形还是直角三角形,还可以判断是等腰三角形还是等边三角形
"""
```

```
x,y,z = eval(input("请输入三角形三条边的长度(以,分隔):")) # 输入三条
边长度
x,y,z = sorted([x,y,z],reverse= True)   # 降序排列三条边长度
while y + z < = x:
    print("不能构成三角形,请重新输入三条边的长度:")
    x,y,z = eval(input("请输入三角形三条边的长度(以,分隔):"))
    x,y,z = sorted([x,y,z],reverse= True)
cosX = (y * * 2 + z * * 2 - x * * 2) / 2.0 / y / z
if cosX > 0.0:
    print("锐角三角形")
elif cosX = = 0.0:
    print("直角三角形")
else:
    print("钝角三角形")
if x = = y = = z:
    print("等边三角形")
elif x = = y or y = = z or x = = z:
    print("等腰三角形")
```

(6)趣味小实验。

自行百度 turtle 库的使用方法,自己画一个简单的图形。

可以参考下面的代码 1:

```
import turtle as t
t.shape('turtle')
t.color('red')
t.begin_fill()
t.forward(100)
t.right(90)
t.forward(100)
t.right(90)
t.forward(100)
t.right(90)
t.forward(100)
t.end_fill()
t.done()
```

运行结果如图 2.22 所示。

图 2.22 turtle 画图参考代码 1 的运行结果

也可以参考下面的代码 2：

```
import turtle as t
t.shape('turtle')
t.speed(80)
for i in range(100):
    t.forward(i)
    t.left(90)
    t.forward(i+ 1)
    t.left(90)
    t.forward(i+ 2)
    t.left(90)
    t.forward(i+ 3)
    t.left(90)
    i+ = 3
t.done()
```

运行结果如图 2.23 所示。

图 2.23 turtle 画图参考代码 2 的运行结果

参考代码 3（帆船）：

```
import turtle as t
t.up()
t.goto(30,30)
t.down()
t.goto(0,30)
```

```
t.goto(10,10)
t.goto(50,10)
t.goto(60,30)
t.goto(30,30)
t.goto(30,70)
t.goto(60,50)
t.goto(30,40)
t.done()
```

运行结果如图 2.24 所示。

图 2.24　turtle 画图参考代码 3 的运行结果

参考代码 4（彩虹）：

```
from turtle import *
def HSB2RGB(hues):
    hues =  hues *  3.59 # 100转成359范围
    rgb= [0.0,0.0,0.0]
    i =  int(hues/60)% 6
    f =  hues/60 - i
    if i = = 0:
        rgb[0] = 1; rgb[1] = f; rgb[2] = 0
    elif i = = 1:
        rgb[0] = 1- f; rgb[1] = 1; rgb[2] = 0
    elif i = = 2:
        rgb[0] = 0; rgb[1] = 1; rgb[2] = f
    elif i = = 3:
        rgb[0] = 0; rgb[1] = 1- f; rgb[2] = 1
    elif i = = 4:
        rgb[0] = f; rgb[1] = 0; rgb[2] = 1
    elif i = = 5:
        rgb[0] = 1; rgb[1] = 0; rgb[2] = 1- f
    return rgb
```

```python
def rainbow():
    hues = 0.0
    color(1,0,0)
    # 绘制彩虹
    hideturtle()
    speed(100)
    pensize(3)
    penup()
    goto(-400,-300)
    pendown()
  right(110)
    for i in range (100):
        circle(1000)
        right(0.13)
        hues = hues + 1
        rgb = HSB2RGB(hues)
        color(rgb[0],rgb[1],rgb[2])
penup()

def main():
    setup(800, 600, 0, 0)
    bgcolor((0.8, 0.8, 1.0))
    tracer(True)
    rainbow()
    # 输出文字
    tracer(True)
    goto(100,-100)
    color("red")
    write("Rainbow",align= "center",
        font= ("Script MT Bold", 30, "bold"))
    tracer(True)
    done()

if __name__ == "__main__":
    main()
```

运行结果如图 2.25 所示。

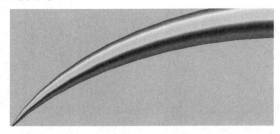

图 2.25　turtle 画图参考代码 4 的运行结果

参考代码 5(小猪佩奇):

```
from turtle import *
def nose(x,y):
    pu()
    goto(x,y)
    pd()
    seth(- 30)
    begin_fill()
    a= 0.4
    for i in range(120):
        if 0< = i< 30 or 60< = i< 90:
            a= a+ 0.08
            lt(3)
            fd(a)
        else:
            a= a- 0.08
            lt(3)
            fd(a)
end_fill()

    pu()
    seth(90)
    fd(25)
    seth(0)
    fd(10)
    pd()
```

```
pencolor(255,155,192)
    seth(10)
    begin_fill()
    circle(5)
    color(160,82,45)
    end_fill()

    pu()
    seth(0)
    fd(20)
    pd()
    pencolor(255,155,192)
    seth(10)
    begin_fill()
    circle(5)
    color(160,82,45)
    end_fill()

def head(x,y):
    color((255,155,192),"pink")
    pu()
    goto(x,y)
    seth(0)
    pd()
    begin_fill()
    seth(180)
    circle(300,-30)
    circle(100,-60)
    circle(80,-100)
    circle(150,-20)
    circle(60,-95)
    seth(161)
    circle(-300,15)
    pu()
    goto(-100,100)
```

```python
    pd()
    seth(-30)
    a=0.4
    for i in range(60):
        if 0<=i<30 or 60<=i<90:
            a=a+0.08
            lt(3)
            fd(a)
        else:
            a=a-0.08
            lt(3)
            fd(a)
    end_fill()

def ears(x,y):
    color((255,155,192),"pink")
    pu()
    goto(x,y)
    pd()
    begin_fill()
    seth(100)
    circle(-50,50)
    circle(-10,120)
    circle(-50,54)
    end_fill()

    pu()
    seth(90)
    fd(-12)
    seth(0)
    fd(30)
    pd()
    begin_fill()
    seth(100)
    circle(-50,50)
    circle(-10,120)
```

```
        circle(- 50,56)
        end_fill()

def eyes(x,y):
    color((255,155,192),"white")
    pu()
    seth(90)
    fd(- 20)
    seth(0)
    fd(- 95)
    pd()
    begin_fill()
    circle(15)
    end_fill()

    color("black")
    pu()
    seth(90)
    fd(12)
    seth(0)
    fd(- 3)
    pd()
    begin_fill()
    circle(3)
    end_fill()

    color((255,155,192),"white")
    pu()
    seth(90)
    fd(- 25)
    seth(0)
    fd(40)
    pd()
    begin_fill()
    circle(15)
    end_fill()
```

```
        color("black")
        pu()
        seth(90)
        fd(12)
        seth(0)
        fd(- 3)
        pd()
        begin_fill()
        circle(3)
        end_fill()

def cheek(x,y):
        color((255,155,192))
        pu()
        goto(x,y)
        pd()
        seth(0)
        begin_fill()
        circle(30)
        end_fill()

def mouth(x,y):
        color(239,69,19)
        pu()
        goto(x,y)
        pd()
        seth(- 80)
        circle(30,40)
        circle(40,80)

def body(x,y):
        color("red",(255,99,71))
        pu()
        goto(x,y)
        pd()
```

```
    begin_fill()
    seth(-130)
    circle(100,10)
    circle(300,30)
    seth(0)
    fd(230)
    seth(90)
    circle(300,30)
    circle(100,3)
    color((255,155,192),(255,100,100))
    seth(-135)
    circle(-80,63)
    circle(-150,24)
    end_fill()

def hands(x,y):
    color((255,155,192))
    pu()
    goto(x,y)
    pd()
    seth(-160)
    circle(300,15)
    pu()
    seth(90)
    fd(15)
    seth(0)
    fd(0)
    pd()
    seth(-10)
    circle(-20,90)
    
    pu()
    seth(90)
    fd(30)
    seth(0)
    fd(237)
```

```
    pd()
    seth(-20)
    circle(-300,15)
    pu()
    seth(90)
    fd(20)
    seth(0)
    fd(0)
    pd()
    seth(-170)
    circle(20,90)

def foot(x,y):
    pensize(10)
    color((240,128,128))
    pu()
    goto(x,y)
    pd()
    seth(-90)
    fd(40)
    seth(-180)
    color("black")
    pensize(15)
    fd(20)

    pensize(10)
    color((240,128,128))
    pu()
    seth(90)
    fd(40)
    seth(0)
    fd(90)
    pd()
    seth(-90)
    fd(40)
    seth(-180)
```

```
        color("black")
        pensize(15)
        fd(20)

def tail(x,y):
    pensize(4)
    color((255,155,192))
    pu()
    goto(x,y)
    pd()
    seth(0)
    circle(70,20)
    circle(10,330)
    circle(70,30)

def setting():
    pensize(4)
    hideturtle()
    colormode(255)
    color((255,155,192),"pink")
    setup(840,500)
    speed(30)

def main():
    setting()
    nose(- 100,100)
    head(- 69,167)
    ears(0,160)
    eyes(0,140)
    cheek(80,10)
    mouth(- 20,30)
    body(- 32,- 8)
    hands(- 56,- 45)
    foot(2,- 177)
    tail(148,- 155)
    done()
main()
```

运行结果如图 2.26 所示。

图 2.26　turtle 画图参考代码 5 的运行结果

参考代码 6（无敌旋转棒棒锤螺旋图）：

```
import turtle
turtle.screensize(400,300,"white")
turtle.pensize(1)
turtle.bgcolor("white")
colors = ["red", "yellow",'green','blue']
turtle.tracer(True)
turtle.speed(0)

for x in range(400):
    turtle.forward(2* x)
    # turtle.color(colors[0])
    turtle.color(colors[x % 4])
    turtle.left(91)
turtle.done()
```

运行结果如图 2.27 所示。

图 2.27　turtle 画图参考代码 6 的运行结果

参考代码 7(冰墩墩):

```
import turtle
turtle.shape('turtle')
turtle.setup(800,600)
turtle.speed(10)
turtle.penup()
turtle.goto(177,112)
turtle.pencolor('lightgray')
turtle.pensize(3)
turtle.fillcolor('white')
turtle.begin_fill()
turtle.pendown()
turtle.setheading(80)
turtle.circle(-45,200)
turtle.circle(-300,23)
turtle.end_fill()

turtle.penup()
turtle.goto(182,95)
turtle.pencolor('black')
turtle.pensize(1)
turtle.fillcolor('black')
turtle.begin_fill()
turtle.setheading(95)
turtle.pendown()
turtle.circle(-37,160)
turtle.circle(-20,50)
turtle.circle(-200,30)
turtle.end_fill()
turtle.penup()
turtle.goto(-73, 230)
turtle.pencolor("lightgray")
turtle.pensize(3)
turtle.fillcolor("white")
turtle.begin_fill()
turtle.pendown()
```

```
turtle.setheading(20)
turtle.circle(- 250, 35)
turtle.setheading(50)
turtle.circle(- 42, 180)
turtle.setheading(- 50)
turtle.circle(- 190, 30)
turtle.circle(- 320, 45)
turtle.circle(120, 30)
turtle.circle(200, 12)
turtle.circle(- 18, 85)
turtle.circle(- 180, 23)
turtle.circle(- 20, 110)
turtle.circle(15, 115)
turtle.circle(100, 12)
turtle.circle(15, 120)
turtle.circle(- 15, 110)
turtle.circle(- 150, 30)
turtle.circle(- 15, 70)
turtle.circle(- 150, 10)
turtle.circle(200, 35)
turtle.circle(- 150, 20)
turtle.setheading(- 120)
turtle.circle(50, 30)
turtle.circle(- 35, 200)
turtle.circle(- 300, 23)
turtle.setheading(86)
turtle.circle(- 300, 26)
turtle.setheading(122)
turtle.circle(- 53, 160)
turtle.end_fill()

turtle.penup()
turtle.goto(- 130, 180)
turtle.pencolor("black")
turtle.pensize(1)
turtle.fillcolor("black")
```

```
turtle.begin_fill()
turtle.pendown()
turtle.setheading(120)
turtle.circle(- 28, 160)
turtle.setheading(210)
turtle.circle(150, 20)
turtle.end_fill()

turtle.penup()
turtle.goto(90, 230)
turtle.setheading(40)
turtle.begin_fill()
turtle.pendown()
turtle.circle(- 30, 170)
turtle.setheading(125)
turtle.circle(150, 23)
turtle.end_fill()

turtle.penup()
turtle.goto(- 180, - 55)
turtle.fillcolor("black")
turtle.begin_fill()
turtle.setheading(- 120)
turtle.pendown()
turtle.circle(50, 30)
turtle.circle(- 27, 200)
turtle.circle(- 300, 20)
turtle.setheading(- 90)
turtle.circle(300, 14)
turtle.end_fill()

turtle.penup()
turtle.goto(108, - 168)
turtle.fillcolor("black")
turtle.begin_fill()
turtle.pendown()
```

```
turtle.setheading(- 115)
turtle.circle(110, 15)
turtle.circle(200, 10)
turtle.circle(- 18, 80)
turtle.circle(- 180, 13)
turtle.circle(- 20, 90)
turtle.circle(15, 60)
turtle.setheading(42)
turtle.circle(- 200, 29)
turtle.end_fill()

turtle.penup()
turtle.goto(- 38, - 210)
turtle.fillcolor("black")
turtle.begin_fill()
turtle.pendown()
turtle.setheading(- 155)
turtle.circle(15, 100)
turtle.circle(- 10, 110)
turtle.circle(- 100, 30)
turtle.circle(- 15, 65)
turtle.circle(- 100, 10)
turtle.circle(200, 15)
turtle.setheading(- 14)
turtle.circle(- 200, 27)
turtle.end_fill()
turtle.penup()
turtle.goto(- 64, 120)
turtle.begin_fill()
turtle.pendown()
turtle.setheading(40)
turtle.circle(- 35, 152)
turtle.circle(- 100, 50)
turtle.circle(- 35, 130)
turtle.circle(- 100, 50)
turtle.end_fill()
```

```
turtle.penup()
turtle.goto(- 47, 55)
turtle.fillcolor("white")
turtle.begin_fill()
turtle.pendown()
turtle.setheading(0)
turtle.circle(25, 360)
turtle.end_fill()
turtle.penup()
turtle.goto(- 45, 62)
turtle.pencolor("darkslategray")
turtle.fillcolor("darkslategray")
turtle.begin_fill()
turtle.pendown()
turtle.setheading(0)
turtle.circle(19, 360)
turtle.end_fill()
turtle.penup()
turtle.goto(- 45, 68)
turtle.fillcolor("black")
turtle.begin_fill()
turtle.pendown()
turtle.setheading(0)
turtle.circle(10, 360)
turtle.end_fill()
turtle.penup()
turtle.goto(- 47, 86)
turtle.pencolor("white")
turtle.fillcolor("white")
turtle.begin_fill()
turtle.pendown()
turtle.setheading(0)
turtle.circle(5, 360)
turtle.end_fill()
```

```
turtle.penup()
turtle.goto(51, 82)
turtle.fillcolor("black")
turtle.begin_fill()
turtle.pendown()
turtle.setheading(120)
turtle.circle(- 32, 152)
turtle.circle(- 100, 55)
turtle.circle(- 25, 120)
turtle.circle(- 120, 45)
turtle.end_fill()

turtle.penup()
turtle.goto(79, 60)
turtle.fillcolor("white")
turtle.begin_fill()
turtle.pendown()
turtle.setheading(0)
turtle.circle(24, 360)
turtle.end_fill()
turtle.penup()
turtle.goto(79, 64)
turtle.pencolor("darkslategray")
turtle.fillcolor("darkslategray")
turtle.begin_fill()
turtle.pendown()
turtle.setheading(0)
turtle.circle(19, 360)
turtle.end_fill()

turtle.penup()
turtle.goto(79, 70)
turtle.fillcolor("black")
turtle.begin_fill()
turtle.pendown()
turtle.setheading(0)
```

```
turtle.circle(10, 360)
turtle.end_fill()

turtle.penup()
turtle.goto(79, 88)
turtle.pencolor("white")
turtle.fillcolor("white")
turtle.begin_fill()
turtle.pendown()
turtle.setheading(0)
turtle.circle(5, 360)
turtle.end_fill()

turtle.penup()
turtle.goto(37, 80)
turtle.fillcolor("black")
turtle.begin_fill()
turtle.pendown()
turtle.circle(- 8, 130)
turtle.circle(- 22, 100)
turtle.circle(- 8, 130)
turtle.end_fill()
turtle.penup()
turtle.goto(- 15, 48)
turtle.setheading(- 36)
turtle.begin_fill()
turtle.pendown()
turtle.circle(60, 70)
turtle.setheading(- 132)
turtle.circle(- 45, 100)
turtle.end_fill()

turtle.penup()
turtle.goto(- 135, 120)
```

```
turtle.pensize(5)
turtle.pencolor("cyan")
turtle.pendown()
turtle.setheading(60)
turtle.circle(- 165, 150)
turtle.circle(- 130, 78)
turtle.circle(- 250, 30)
turtle.circle(- 138, 105)
turtle.penup()
turtle.goto(- 131, 116)
turtle.pencolor("slateblue")
turtle.pendown()
turtle.setheading(60)
turtle.circle(- 160, 144)
turtle.circle(- 120, 78)
turtle.circle(- 242, 30)
turtle.circle(- 135, 105)
turtle.penup()
turtle.goto(- 127, 112)
turtle.pencolor("orangered")
turtle.pendown()
turtle.setheading(60)
turtle.circle(- 155, 136)
turtle.circle(- 116, 86)
turtle.circle(- 220, 30)
turtle.circle(- 134, 103)
turtle.penup()
turtle.goto(- 123, 108)
turtle.pencolor("gold")
turtle.pendown()
turtle.setheading(60)
turtle.circle(- 150, 136)
turtle.circle(- 104, 86)
turtle.circle(- 220, 30)
turtle.circle(- 126, 102)
```

```
turtle.penup()
turtle.goto(- 120, 104)
turtle.pencolor("greenyellow")
turtle.pendown()
turtle.setheading(60)
turtle.circle(- 145, 136)
turtle.circle(- 90, 83)
turtle.circle(- 220, 30)
turtle.circle(- 120, 100)
turtle.penup()

turtle.penup()
turtle.goto(- 5, - 170)
turtle.pensize(1)
turtle.pendown()
turtle.pencolor("blue")
turtle.circle(6)
turtle.penup()
turtle.goto(10, - 170)
turtle.pendown()
turtle.pencolor("black")
turtle.circle(6)
turtle.penup()
turtle.goto(25, - 170)
turtle.pendown()
turtle.pencolor("brown")
turtle.circle(6)
turtle.penup()
turtle.goto(2, - 175)
turtle.pendown()
turtle.pencolor("lightgoldenrod")
turtle.circle(6)
turtle.penup()
turtle.goto(16, - 175)
turtle.pendown()
turtle.pencolor("green")
```

```
turtle.circle(6)
turtle.penup()

turtle.pencolor("black")
turtle.goto(- 16, - 160)
turtle.write("BEIJING 2022", font= ('Arial', 10, 'bold italic'))
turtle.hideturtle()
turtle.done()
```

运行结果如图 2.28 所示。

图 2.28 turtle 画图参考代码 7 的运行结果

参考代码 8(雪容融):

```
# import package
import turtle
from turtle import *
import time
#  set background image
# turtle.bgpic("xrr.png")


pm= Screen() # 新建屏幕对象
pm.delay (3)    # 设定屏幕延时为 0
pm.title("雪容融")
turtle.speed(100)   # 速度
```

```
# 大头的圈圈
turtle.penup()
turtle.goto(- 145, 135)
turtle.pensize(10)
turtle.pencolor("# BB3529")
turtle.fillcolor("# DA2D20")
turtle.begin_fill()
turtle.pendown()
turtle.setheading(45)
turtle.circle(- 150, 45)
turtle.forward(80)
turtle.circle(- 150, 180)
turtle.forward(80)
turtle.circle(- 150, 135)
turtle.end_fill()

# 花纹
turtle.fillcolor("# FF9300")
turtle.begin_fill()
turtle.pensize(5)
turtle.setheading(15)
turtle.circle(- 600, 28)
turtle.pencolor("# FF9300")
turtle.right(30)
turtle.circle(- 150, - 35)
turtle.setheading(180)
turtle.forward(100)
turtle.circle(150, 42)
turtle.end_fill()

turtle.pencolor("# DA2D20")
turtle.penup()
turtle.goto(- 100, 160)
turtle.fillcolor("# DA2D20")
turtle.begin_fill()
turtle.pendown()
```

```
turtle.circle(4, 360)
turtle.end_fill()

turtle.penup()
turtle.goto(- 40, 169)
turtle.fillcolor("# DA2D20")
turtle.begin_fill()
turtle.pendown()
turtle.circle(4, 360)
turtle.end_fill()

turtle.penup()
turtle.goto(20, 169)
turtle.fillcolor("# DA2D20")
turtle.begin_fill()
turtle.pendown()
turtle.circle(4, 360)
turtle.end_fill()

turtle.penup()
turtle.goto(80, 163)
turtle.fillcolor("# DA2D20")
turtle.begin_fill()
turtle.pendown()
turtle.circle(4, 360)
turtle.end_fill()

# 内部弧线
# 从左往右
# 1
turtle.pencolor("# FF9300")
turtle.penup()
turtle.goto(- 130, 135)
turtle.setheading(52)
turtle.pendown()
turtle.circle(- 175, - 60)
```

```
turtle.circle(- 125, - 70)
# 2
turtle.penup()
turtle.goto(- 80, 150)
turtle.setheading(54)
turtle.pendown()
turtle.circle(- 175, - 40)
turtle.circle(- 200, - 50)
# 3
turtle.penup()
turtle.goto(- 10, 155)
turtle.setheading(75)
turtle.pendown()
turtle.circle(- 480, - 35)
# 4
turtle.penup()
turtle.goto(50, 150)
turtle.setheading(115)
turtle.pendown()
turtle.circle(270, - 40)
turtle.circle(500, - 12)
# 5
turtle.penup()
turtle.goto(120, 140)
turtle.setheading(130)
turtle.pendown()
turtle.circle(180, - 40)
turtle.circle(145, - 80)

# 脸部
turtle.pensize(8)
turtle.pencolor("# BB3529")
turtle.penup()
turtle.goto(- 125, 40)
turtle.setheading(216)
turtle.fillcolor("white")
```

```
turtle.begin_fill()
turtle.pendown()
turtle.circle(34, 170)
turtle.right(60)
turtle.circle(170, 63)
turtle.right(60)
turtle.circle(32, 158)
turtle.right(65)
turtle.circle(34, 157)
turtle.circle(- 15, 155)
turtle.left(30)
turtle.circle(36, 127)
turtle.circle(- 15, 45)
turtle.right(38)
turtle.circle(36, 107)
turtle.circle(- 15, 55)
turtle.right(22)
turtle.circle(32, 120)
turtle.end_fill()
# 脸蛋
# 左边
turtle.pencolor("# F44F39")
turtle.penup()
turtle.goto(- 120, 5)
turtle.fillcolor("# F44F39")
turtle.begin_fill()
turtle.pendown()
turtle.circle(15, 360)
turtle.end_fill()
# 右边
turtle.penup()
turtle.goto(85, 0)
turtle.fillcolor("# F44F39")
turtle.begin_fill()
turtle.pendown()
turtle.circle(15, 360)
```

```
turtle.end_fill()
# 眼睛
turtle.pensize(1)
# 右黑
turtle.pencolor("# 534A49")
turtle.penup()

turtle.goto(65, 35)
turtle.fillcolor("# 534A49")
turtle.begin_fill()
turtle.pendown()
turtle.setheading(90)
turtle.circle(9, 180)
turtle.forward(9)
turtle.circle(9, 180)
turtle.forward(9)
turtle.end_fill()
# 右白
turtle.penup()
turtle.pencolor("white")
turtle.goto(57, 36)
turtle.fillcolor("white")
turtle.begin_fill()
turtle.pendown()
turtle.setheading(90)
turtle.circle(3, 360)
turtle.end_fill()
# 左黑
turtle.pencolor("# 534A49")
turtle.penup()
turtle.goto(- 51, 35)
turtle.fillcolor("# 534A49")
turtle.begin_fill()
turtle.pendown()
turtle.setheading(90)
turtle.circle(9, 180)
```

```
turtle.forward(9)
turtle.circle(9, 180)
turtle.forward(9)
turtle.end_fill()
# 左白
turtle.penup()
turtle.pencolor("white")
turtle.goto(- 58, 36)
turtle.fillcolor("white")
turtle.begin_fill()
turtle.pendown()
turtle.setheading(90)
turtle.circle(3, 360)
turtle.end_fill()

# 头顶
turtle.pensize(5)
turtle.penup()
turtle.pencolor("# 5FA8D2")
turtle.goto(- 108, 170)
turtle.fillcolor("white")
turtle.begin_fill()
turtle.pendown()
turtle.setheading(24)
turtle.forward(70)
turtle.left(15)
turtle.circle(- 68, 80)
turtle.left(22)
turtle.forward(78)
turtle.circle(- 4, 175)
turtle.forward(40)
turtle.right(22)
turtle.circle(24, 62)
turtle.circle(- 34, 62)
turtle.circle(34, 75)
turtle.circle(- 34, 62)
```

```
turtle.circle(24, 72)
turtle.right(30)
turtle.forward(24)
turtle.circle(- 4, 180)
turtle.forward(4)
turtle.end_fill()

# 皇冠
turtle.pensize(5)
turtle.setheading(0)
turtle.penup()
turtle.pencolor("# E7A910")
turtle.goto(- 15, 225)
turtle.fillcolor("white")
turtle.begin_fill()
turtle.pendown()
turtle.circle(- 7, 260)
turtle.left(70)
turtle.circle(- 11, 180)
turtle.left(52)
turtle.circle(- 27, 93)
turtle.left(62)
turtle.circle(- 10, 180)
turtle.left(70)
turtle.circle(- 7, 260)
turtle.setheading(- 135)
turtle.forward(15)
turtle.right(90)
turtle.forward(10)
turtle.left(90)
turtle.forward(10)
turtle.end_fill()

# 左手
turtle.pensize(6)
turtle.penup()
```

```
turtle.pencolor("# BB3529")
turtle.goto(- 60, - 135)
turtle.fillcolor("# DA2D20")
turtle.begin_fill()
turtle.pendown()
turtle.setheading(150)
turtle.forward(50)
turtle.circle(25,110)
turtle.circle(32,90)
turtle.circle(332,10)
turtle.end_fill()

# 右手
turtle.pensize(6)
turtle.penup()
turtle.pencolor("# BB3529")
turtle.goto(80, - 125)
turtle.fillcolor("# DA2D20")
turtle.begin_fill()
turtle.pendown()
turtle.setheading(- 30)
turtle.forward(50)
turtle.circle(- 25,110)
turtle.circle(- 32,90)
turtle.end_fill()

# 左脚
turtle.pensize(6)
turtle.penup()
turtle.pencolor("# BB3529")
turtle.goto(- 65, - 225)
turtle.fillcolor("# DA2D20")
turtle.begin_fill()
turtle.pendown()
turtle.setheading(- 70)
turtle.forward(40)
```

```
turtle.circle(10,40)
turtle.circle(55,40)
turtle.circle(10,70)
turtle.forward(25)
turtle.end_fill()

# 右脚
turtle.pensize(6)
turtle.penup()
turtle.pencolor("# BB3529")
turtle.goto(70, - 225)
turtle.fillcolor("# DA2D20")
turtle.begin_fill()
turtle.pendown()
turtle.setheading(- 110)
turtle.forward(40)
turtle.circle(- 10,40)
turtle.circle(- 50,40)
turtle.circle(- 10,70)
turtle.forward(25)
turtle.end_fill()

# 脚的花纹
turtle.pensize(7)
turtle.penup()
turtle.pencolor("# FF9300")
turtle.goto(- 50, - 255)
turtle.pendown()
turtle.setheading(- 20)
turtle.circle(100,27)

turtle.pensize(7)
turtle.penup()
turtle.pencolor("# FF9300")
turtle.goto(15, - 258)
turtle.pendown()
```

```python
turtle.setheading(-10)
turtle.circle(80,28)

# 身体
turtle.pensize(10)
turtle.penup()
turtle.pencolor("#BB3529")
turtle.goto(-60,-125)
turtle.fillcolor("#DA2D20")
turtle.begin_fill()
turtle.pendown()
turtle.setheading(-120)
turtle.circle(130,30)
turtle.circle(40,62)
turtle.circle(145,45)
turtle.circle(42,62)
turtle.circle(130,35)
turtle.end_fill()

# 中间白色
turtle.penup()
turtle.pencolor("white")
turtle.goto(45,-173)
turtle.fillcolor("white")
turtle.begin_fill()
turtle.pendown()
turtle.circle(38,360)
turtle.end_fill()

# 冬奥会象形字
turtle.setheading(-138)
turtle.pensize(4)
turtle.penup()
turtle.pencolor("red")
turtle.goto(10,-162)
turtle.pendown()
```

```
turtle.forward(12)
turtle.setheading(18)
turtle.pencolor("blue")
turtle.forward(22)
turtle.setheading(- 140)
turtle.pencolor("lightblue")
turtle.forward(34)
turtle.setheading(28)
turtle.pencolor("yellowgreen")
turtle.forward(24)
turtle.pencolor("yellow")
turtle.circle(- 5,200)
turtle.pensize(2)
turtle.pencolor("lightblue")
turtle.circle(23,18)
turtle.penup()
turtle.setheading(135)
turtle.pencolor("red")
turtle.goto(0, - 215)
turtle.pendown()
turtle.circle(- 4,150)

turtle.penup()
turtle.setheading(175)
turtle.pencolor("blue")
turtle.goto(8, - 220)
turtle.pendown()
turtle.circle(- 5,120)

turtle.penup()
turtle.setheading(245)
turtle.pencolor("green")
turtle.goto(18, - 215)
turtle.pendown()
turtle.circle(- 4,180)
```

```
turtle.penup()
turtle.goto(- 16, - 199)
turtle.pencolor("black")
turtle.pendown()
turtle.write("BEIJING 2022", font= ('华文行楷', 6, 'bold italic'))
turtle.penup()
turtle.goto(- 10, - 203)
turtle.pencolor("black")
turtle.pendown()
turtle.write("Paralympic Games", font= ('Arial', 4))
# 围巾
turtle.pensize(1)
turtle.penup()
turtle.pencolor("# FF9300")
turtle.goto(- 74, - 113)
turtle.fillcolor("# FF9300")
turtle.begin_fill()
turtle.pendown()
turtle.setheading(5)
turtle.circle(- 1000,3)
turtle.right(10)
turtle.circle(300,19)
turtle.right(30)
turtle.circle(- 15,120)
turtle.circle(- 100,4)
turtle.right(20)
turtle.circle(- 300,25)
turtle.right(20)
turtle.circle(- 65,23)
turtle.circle(- 15,80)
turtle.end_fill()

turtle.pensize(1)
turtle.penup()
turtle.pencolor("# FF9300")
turtle.goto(- 57, - 135)
```

```
turtle.fillcolor("# FF9300")
turtle.begin_fill()
turtle.pendown()
turtle.setheading(- 105)
turtle.forward(50)
turtle.circle(5,80)
turtle.forward(28)
turtle.circle(5,100)
turtle.forward(60)
turtle.end_fill()
# 围巾末尾
turtle.pensize(3)
turtle.penup()
turtle.pencolor("# DA2D20")
turtle.goto(- 61, - 175)
turtle.pendown()
turtle.setheading(- 105)
turtle.forward(20)

turtle.penup()
turtle.pencolor("# DA2D20")
turtle.goto(- 54, - 178)
turtle.pendown()
turtle.setheading(- 105)
turtle.forward(20)

turtle.penup()
turtle.pencolor("# DA2D20")
turtle.goto(- 47, - 181)
turtle.pendown()
turtle.setheading(- 105)
turtle.forward(20)

turtle.penup()
turtle.pencolor("# DA2D20")
turtle.goto(- 40, - 184)
```

```
turtle.pendown()
turtle.setheading(- 105)
turtle.forward(20)

turtle.penup()
turtle.goto(145, - 223)
turtle.pencolor("# DA2D20")
turtle.pendown()
turtle.write("大家好！我是雪容融", font= ('华文琥珀', 22))
turtle.hideturtle()
turtle.done()
```

运行结果如图 2.29 所示。

图 2.29　turtle 画图参考代码 8 的运行结果

参考代码 9(树)：

```
from turtle import *
from random import *
from math import *
def tree(n, l):
    pd()
    t = cos(radians(heading() + 45)) / 8 + 0.25
    pencolor(t, t, t)
    pensize(n / 4)
    forward(l)
```

```
    if n > 0:
        b = random() * 15 + 10
        c = random() * 15 + 10
        d = l * (random() * 0.35 + 0.6)
        right(b)
        tree(n - 1, d)
        left(b + c)
        tree(n - 1, d)
        right(c)
    else:
        right(90)
        n = cos(radians(heading() - 45)) / 4 + 0.5
        pencolor(n, n, n)
        circle(2)
        left(90)
    pu()
    backward(l)
bgcolor(0.5, 0.5, 0.5)
ht()
speed(0)
# tracer(0, 0)
left(90)
pu()
backward(300)
tree(15, 120) # tree(13, 100) 为最佳
done()
```

运行结果如图 2.30 所示。

图 2.30 turtle 画图参考代码 9 的运行结果

实验 3 字符串处理程序编写

3.1 实验项目

字符串处理程序编写。

3.2 实验类型

设计型实验。

3.3 实验目的

(1)熟悉并掌握字符串的定义。
(2)掌握字符串常用操作的使用。

3.4 知识点

(1)字符串的定义。
(2)字符串常用操作的使用。

3.5 实验原理

(1)在 Python 中,字符串属于不可变有序序列,使用单引号、双引号、三单引号或三双引号作为定界符,并且不同的定界符之间可以互相嵌套。

(2)Python 字符串对象提供了大量方法用于字符串的切分、连接、替换和排版等操作,另外还有大量内置函数和运算符也支持对字符串的操作。

3.6 实验器材

计算机、Windows 10 操作系统、Anaconda、Jupyter Notebook。

3.7 实验内容

3.7.1 编程练习

(1)生成指定长度的随机密码。

(2) 编写程序实现字符串加密和解密,循环使用指定密钥,采用简单的异或算法。

(3) 检查并判断密码字符串的安全强度,密码必须至少包含 6 个字符。

(4) 编写程序,模拟打字练习程序的成绩评定。假设 origin 为原始内容,userInput 为用户练习时输入的内容,要求用户输入的内容长度不能大于原始内容的长度,如果对应位置的字符一致则认为正确,否则判定输入错误。最后成绩为:正确的字符数量/原始字符串长度,按百分制输出,要求保留 2 位小数。

3.7.2 趣味小实验

自行搜索制作词云图的方法,制作一个词云图。

3.8 实验报告要求

实验报告主要内容:完成要求的程序编写,提交源代码和运行结果。

3.9 相关知识链接

3.9.1 itertools 模块

itertools 是 Python 内置的模块,使用简单且功能强大。

3.9.1.1 组成

itertools 主要分为三类函数,分别为无限迭代器、输入序列迭代器、组合生成器,下面分别进行具体讲解。

3.9.1.2 无限迭代器

(1) itertools.count(start=0, step=1)用于创建一个迭代对象,生成从 start 开始的连续整数,步长为 step。如果省略了 start 则默认从 0 开始,步长默认为 1;如果超过了 sys.maxint 则会移除并且从 -sys.maxint-1 开始计数。代码举例如下:

```
from itertools import *
for i in zip(count(2,6), ['a', 'b', 'c']):
    print(i)
```

输出结果为:

(2, 'a')

(8, 'b')

(14, 'c')

(2) itertools.cycle(iterable)用于创建一个迭代对象,对于输入的 iterable 的元素反复执行循环操作,内部生成 iterable 中的元素的一个副本,这个副本用来返回循环中的重复项。代码举例如下：

```
from itertools import *
i = 0
for item in cycle(['a', 'b', 'c']):
    i + = 1
    if i = = 10:
        break
    print (i, item)
```

输出结果为：

1 a
2 b
3 c
4 a
5 b
6 c
7 a
8 b
9 c

（3）itertools.repeat(object[, times])用于创建一个迭代器，重复生成object，如果没有设置times，则会无限生成对象。代码举例如下：

```
from itertools import *
for i in repeat('kivinsae', 5):
    print(i)
```

输出结果为：

kivinsae
kivinsae
kivinsae
kivinsae
kivinsae

3.9.1.3 输入序列迭代器

（1）itertools.accumulate(*iterables)简单来说就是一个累加器，不停地对列表或者迭代器进行累加操作（这里指每项累加）。代码举例如下：

```
from itertools import *
x= accumulate(range(10))
print(list(x))
```

输出结果为:
[0,1,3,6,10,15,21,28,36,45]

(2)itertools.chain(*iterables)可以把多个迭代器作为参数,但是只会返回单个迭代器。其可以产生所有参数迭代器的内容,却好似来自一个单一的序列。简单来讲就是连接多个"列表"或者"迭代器"。代码举例如下:

```
from itertools import *
for i in chain(['p','x','e'], ['scp', 'nmb', 'balenciaga']):
    print(i)
```

输出结果为:
p
x
e
scp
nmb
balenciaga

(3)itertools.compress(data,selectors)提供了对原始数据的筛选功能,具体条件可以设置得非常复杂,所以下面只列出相关的定义代码来解释。不过简单来理解,该函数就是按照真值表进行元素筛选。实现过程为:

def compress(data, selectors):
    ♯ compress('ABCDEF', [1,0,1,0,1,1]) ——> A C E F
    return (d for d, s in izip(data, selectors) if s)

代码举例如下:

```
from itertools import compress
list(compress('ABCDEF', [1, 1, 0, 1, 0, 1]))
```

输出结果为:
['A','B','D','F']

(4)itertools.dropwhile(predicate,iterable)的作用是创建一个迭代器,只要是函数predicate(item)为True,则丢掉iterable中的项,但如果predicate返回的是False,则生成iterable中的项和所有的后续项。在条件为False之后,第一次就返回迭代器中剩余的所有项。在这个函数表达式里面,iterable的值会按索引一个个作为predicate的参数进行计

算。简单来说,就是按照真值函数丢弃列表和迭代器前面的元素。代码举例如下:

```
from itertools import *
def should_drop(x):
    print('Testing:', x)
    return (x< 1)
for i in dropwhile(should_drop, [ - 1, 0, 1, 2, 3, 4, 1, - 2 ]):
    print('Yielding:', i)
```

输出结果为:

Testing:—1

Testing:0

Testing:1

Yielding:1

Yielding:2

Yielding:3

Yielding:4

Yielding:1

Yielding:—2

(5)itertools.groupby(iterable[,key])为返回一个集合的迭代器,其中的元素已经根据特定的key进行了分组。具体来说,它会对输入的iterable(可迭代对象)进行遍历,并且根据key函数对每一项进行处理。这里的key函数是一个应用于每一项的函数,其返回值将作为分组的关键值。

在遍历过程中,如果连续的多项通过key函数处理后得到相同的返回值,那么这些项将被归为一个组。换句话说,这个函数能够识别并聚合那些经过key函数处理后具有相同结果的连续元素。

重要的是,如果key函数对某一项的返回值与前一项不同,那么就会开始一个新的分组。这意味着,这个函数不仅能根据项本身的值进行分组,而且能根据更复杂的逻辑(由key函数定义)来划分数据。

最终,这个函数会返回一个迭代器,该迭代器生成的是一系列元组(key, group)。在这个元组中,key是分组时使用的键值,它是由key函数返回的结果;而group则是一个迭代器,它能够生成构成当前分组的所有原始项目。

通过这种方式,用户可以轻松地按照自定义的规则对数据进行分组,并通过返回的迭代器灵活地访问和处理这些分组数据。这种处理方式不仅高效,而且能够很好地支持大数据集,因为它是在迭代过程中动态地进行分组,而不需要一次性加载所有数据到内存中。实现过程如下:

class groupby(object):

```
# [k for k, g in groupby('AAAABBBCCDAABBB')] ——> A B C D A B
# [list(g) for k, g in groupby('AAAABBBCCD')] ——> AAAA BBB CC D
def __init__(self, iterable, key=None):
    if key is None:
        key = lambda x: x
    self.keyfunc = key
    self.it = iter(iterable)
    self.tgtkey = self.currkey = self.currvalue = object()
def __iter__(self):
    return self
def next(self):
    while self.currkey == self.tgtkey:
        self.currvalue = next(self.it) # Exit on StopIteration
        self.currkey = self.keyfunc(self.currvalue)
    self.tgtkey = self.currkey
    return (self.currkey, self._grouper(self.tgtkey))
def _grouper(self, tgtkey):
    while self.currkey == tgtkey:
        yield self.currvalue
        self.currvalue = next(self.it) # Exit on StopIteration
        self.currkey = self.keyfunc(self.currvalue)
```

代码举例如下：

```
from itertools import *
a = ['aa', 'ab', 'abc', 'bcd', 'abcde']
for i, k in groupby(a, len):
    print( i, list(k))
```

输出结果为：

2 ['aa', 'ab']
3 ['abc', 'bcd']
5 ['abcde']

（6）itertools.ifilterfalse(predicate, iterable)用于创建一个迭代器，返回 iterable 中 predicate 为 False 的元素。代码举例如下：

```
import itertools
x = itertools.ifilterfalse(lambda x: x < 5, [1,3,5,7,4,2,1])
print(list(x))
```

输出结果为:[5,7]。

(7)itertools.islice(iterable,stop)函数实际上是一个高级切片工具,它接受一个迭代对象 iterable 作为输入,并允许用户通过定义特定的切片规则来输出一个新的迭代对象。这个切片规则非常灵活,可以通过一个三元组来精确指定,即 start(起始位置)、stop(停止位置)和 step(步长)。这三个参数共同决定了如何从原始迭代对象中选取元素。

在使用这个函数时,如果省略了 start 参数,那么切片操作默认从迭代对象的第一个元素(索引为0)开始;如果省略了 step 参数,那么切片操作默认每次移动一个位置,即步长为1。然而,stop 参数是必须提供的,因为它定义了切片操作的结束点,即选取元素到哪个位置停止。

这个函数的本质在于,它提供了强大的切片功能,使用户能够根据需要灵活地提取迭代对象中的元素。无论是想要从头开始连续选取多个元素,还是想要跳过某些元素进行非连续选取,甚至是反向选取元素,都可以通过调整 start、stop 和 step 这三个参数来实现。因此,这个函数在处理大数据集或复杂数据结构时非常有用,能够帮助用户高效地提取所需信息。代码举例如下:

```python
from itertools import *
print('Stop at 5:')
for i in islice(count(), 5):
    print(i)
print('Start at 5, Stop at 10:')
for i in islice(count(), 5, 10):
    print(i)
print('By tens to 100:')
for i in islice(count(), 0, 100, 10):
    print(i)
```

输出结果为:
Stop at 5:
0
1
2
3
4
Start at 5,Stop at 10:
5
6
7
8

9
By tens to 100:
0
10
20
30
40
50
60
70
80
90

(8) itertools.starmap(function,iterable)用于创建一个函数,其中内调用的 function (*item)中,item 来自 iterable。只有当迭代对象 iterable 生成的项适合该函数的调用形式的时候,starmap 才会有效。代码举例如下:

```
from itertools import *
values = [(0, 5), (1, 6), (2, 7), (3, 8), (4, 9)]
for i in starmap(lambda x,y:(x, y, x* y), values):
    print('% d * % d = % d' % i)
```

输出结果为:
0 * 5 = 0
1 * 6 = 6
2 * 7 = 14
3 * 8 = 24
4 * 9 = 36

(9) itertools.tee(iterable[,n=2])的功能是创建并返回多个基于某原始输入的独立迭代器,这一特性与 Linux 系统中的 tee 指令相似。tee 指令在 Unix 和 Linux 环境中常被用于从标准输入中读取数据,并将其内容同时输出到标准输出和一个或多个文件中。类似地,此函数能够"分叉"原始输入,生成多个可以独立遍历的迭代器。

如果不特别指定参数 n,该函数会默认创建两个这样的迭代器。这些迭代器可以并行地用于不同的处理流程,而不会相互干扰。然而,在使用此函数时需要注意,为了避免在某些缓存过程中出现异常,建议将标准输入作为 tee 函数的参数,而不是直接使用原始迭代器。这是因为原始迭代器的缓存机制可能与该函数的内部处理不兼容,从而导致不可预知的问题。通过采用标准输入,可以确保数据的稳定性和一致性,进而使多个迭代器安全、有效地并行工作。代码举例如下:

```
from itertools import *
r = islice(count(), 5)
i1, i2 = tee(r)
for i in i1:
    print('i1:', i)
for i in i2:
    print('i2:', i)
```

输出结果为：

i1：0

i1：1

i1：2

i1：3

i1：4

i2：0

i2：1

i2：2

i2：3

i2：4

(10) itertools.takewhile（predicate，iterable）和 dropwhile 函数刚好相反，只要 predicate 计算后为 False，迭代过程立刻停止。代码举例如下：

```
from itertools import *
def should_take(x):
    print('Testing:', x)
    return (x< 2)
for i in takewhile(should_take, [ - 1, 0, 1, 2, 3, 4, 1, - 2 ]):
    print('Yielding:', i)
```

输出结果为：

Testing：−1

Yielding：−1

Testing：0

Yielding：0

Testing：1

Yielding：1

Testing：2

(11) itertools.izip(*iterables)的功能是返回一个合并多个迭代器、成为一个元组的迭代对象。该函数类似于内置函数 zip,但返回的是迭代对象而非列表。创建一个迭代对象,生成元组(i1,i2,i3,…)分别来自 i1,i2,i3,…,只要提供的某个迭代器不在生成值内,函数就会立刻停止。代码举例如下:

```
from itertools import *
for i in zip([1, 2, 3], ['a', 'b', 'c']):
    print(i)
```

输出结果为:

(1, 'a')

(2, 'b')

(3, 'c')

(12) itertools.izip_longest(*iterable[,fillvalue])的功能和 izip 雷同,但是区别在于该函数不会停止,相反,会把所有输入的迭代对象全部耗尽,对于参数不匹配的项会用 None 代替,非常容易理解。代码举例如下:

```
from itertools import *
for i in zip_longest([1, 2, 3], ['a', 'b']):
    print(i)
```

输出结果为:

(1, 'a')

(2, 'b')

(3, None)

3.9.1.4 组合生成器

(1) itertools.product(*iterable[,repeat])的功能是产生多个列表或者迭代器的 n 维积。如果没有特别指定数目 repeat,则默认为列表和迭代器的数量。代码举例如下:

```
import itertools
a = (1, 2, 3)
b = ('A', 'B', 'C')
c = itertools.product(a,b)
for elem in c:
    print(elem)
```

输出结果为:
(1, 'A')
(1, 'B')
(1, 'C')
(2, 'A')
(2, 'B')
(2, 'C')
(3, 'A')
(3, 'B')
(3, 'C')

(2)itertools.permutations(iterable[,r])的主要功能是生成指定数目 repeat 的元素的所有可能排列,这些排列严格遵循元素的顺序。然而,当原始列表或迭代器中存在重复元素时,该函数会相应地产生包含重复项的排列。这意味着,如果输入数据中有相同的元素,那么在生成的排列中,这些元素的不同排列方式也会被算作不同的排列,即使它们包含相同的元素集合。

为了避免这种情况导致的重复排列,如果需要的话,建议使用 groupby 或其他 filter 方法对生成的排列进行去重处理。通过这些方法,可以识别并移除那些实质上相同但元素顺序不同的排列,从而确保输出的排列集合是唯一的,不包含任何重复项。这样可以大大提高排列结果的准确性和有效性,尤其是在处理包含大量重复元素的输入数据时。代码举例如下:

```
import itertools
x = itertools.permutations(range(4), 3)
print(list(x))
```

输出结果为:
[(0, 1, 2), (0, 1, 3), (0, 2, 1), (0, 2, 3), (0, 3, 1), (0, 3, 2), (1, 0, 2), (1, 0, 3), (1, 2, 0), (1, 2, 3), (1, 3, 0), (1, 3, 2), (2, 0, 1), (2, 0, 3), (2, 1, 0), (2, 1, 3), (2, 3, 0), (2, 3, 1), (3, 0, 1), (3, 0, 2), (3, 1, 0), (3, 1, 2), (3, 2, 0), (3, 2, 1)]

(3)itertools.combinations(iterable,r)用来生成指定数目 r 的元素不重复的所有组合。注意应和 permutation 函数相区分,并且该组合是无序的,只考虑元素本身的独特性。代码举例如下:

```
import itertools
x = itertools.combinations(range(4), 3)
print(list(x))
```

输出结果为:
[(0, 1, 2), (0, 1, 3), (0, 2, 3), (1, 2, 3)]

(4) itertools.combinations_with_replacement(iterable,r)用来生成指定数目 r 的元素可重复的所有组合。不过,该函数依然要保证元素组合的独特性。代码举例如下:

```
import itertools
x = itertools.combinations_with_replacement('ABC', 2)
print(list(x))
```

输出结果为:
[('A', 'A'), ('A', 'B'), ('A', 'C'), ('B', 'B'), ('B', 'C'), ('C', 'C')]

3.9.2 内置 next 函数

首先,我们需要明确什么是可迭代的对象,也就是那些可以应用在 for 循环中的数据结构,我们称之为 Iterable(可迭代的)。这些对象大致可以分为以下两大类:

第一类是像 list(列表)、tuple(元组)、dict(字典)、set(集合)以及 string(字符串)这样的基础数据结构。它们都可以直接在 for 循环中使用,进行遍历操作。

第二类则是更为高级的 generator(生成器),包括由生成器表达式创建的生成器和带有 yield 关键字的生成器函数。生成器的特性在于,它们不是一次性生成所有的数据,而是按需生成,这大大节省了内存空间。

值得注意的是,生成器不仅可以应用于 for 循环,还可以通过 next 函数进行逐步迭代。这种可以被 next 函数逐次调用并返回下一个值的对象,称为 Iterator(迭代器)。所有的生成器都是 Iterator 对象。

注意,像 list、dict、string 这样的数据结构,虽然它们是 Iterable,但并不直接支持 next 函数的迭代操作,也就是说它们不是 Iterator。如果我们希望将这些 Iterable 对象转换为 Iterator,可以使用 Python 内置的 iter 函数。

在使用 next 函数时,我们需要注意其使用方式为 next(iterator[, default])。其中,iterator 是我们想要迭代的对象,default 是一个可选参数。当迭代对象中没有下一个元素可供返回时,如果设置了 default 参数,那么 next 函数将返回这个默认值;如果没有设置 default 参数,且没有下一个元素可供返回,那么 next 函数将会触发 StopIteration 异常。

```
list_ = [1,2,3,4,5]
it = iter(list_)
next(it,'-1')
next(it,'-1')
next(it,'-1')
next(it,'-1')
next(it,'-1')
```

next(it,'-1')

next 函数自动调用文件第一行并返回下一行,代码举例如下:

```
import csv
filename = r'sitka_weather_07- 2014.csv'
with open(filename) as f:
    reader = csv.reader(f)
    header_row = next(reader)
    xiayihang = next(reader)
print(header_row)
print(xiayihang)
```

输出结果为:

['AKDT','Max TemperatureF','Mean TemperatureF','Min TemperatureF','Max Dew PointF','MeanDew PointF','Min DewpointF','Max Humidity',' Mean Humidity',' Min Humidity',' Max Sea Level PressureIn',' Mean Sea Level PressureIn',' Min Sea Level PressureIn',' Max VisibilityMiles',' Mean VisibilityMiles',' Min VisibilityMiles',' Max Wind SpeedMPH',' Mean Wind SpeedMPH',' Max Gust SpeedMPH','PrecipitationIn',' CloudCover',' Events',' WindDirDegrees']

['2014-7-1','64','56','50','53','51','48','96','83','58','30.19','30.00','29.79','10','10','10','7','4','','0.00','7','','337']

图 3.1 所示是"sitka_weather_07-2014.csv"的源文件,可以看出打印出来了前两行内容(包括标题)。

图 3.1 "sitka_weather_07-2014.csv"的源文件

如果读者想自己练习,可以将代码复制到 Windows 系统自带的记事本中,"另存为"的时候将保存类型改成"所有文件(*.*)",文件名改为"sitka_weather_07-2014.csv",并将之放在程序同一目录下,如图 3.2 所示。

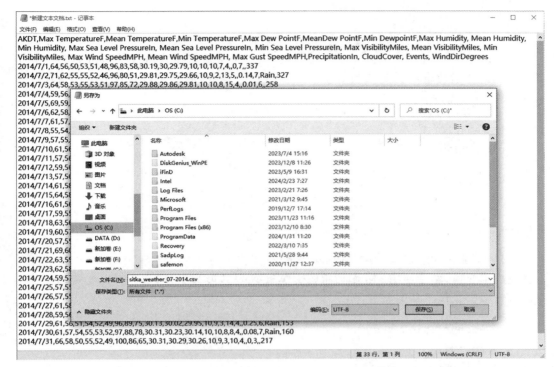

图 3.2　生成"sitka_weather_07-2014.csv"文件

3.9.3　字符和 ASCII 码的相互转换

在 Python 编程语言中，chr 和 ord 函数构成了一对极具实用价值的工具，它们专门用于实现字符与其相应的 ASCII 码之间的双向转换。chr 函数能够将 ASCII 码转换为对应的字符，而 ord 函数则执行相反的操作，将字符转换为其对应的 ASCII 码。这两个函数的相互配合，使我们在多种应用场景中能够灵活地进行字符与数字之间的转换。无论是在数据加密与解密的过程中，还是在编码与解码的操作中，chr 和 ord 函数都发挥着不可或缺的作用。它们提供了一种便捷的方式，来处理那些需要将字符表示与数字表示相互转换的任务。

3.9.3.1　chr 函数的用法

chr 函数是 Python 中的一个内建函数，用于将整数转换为对应的 Unicode 字符。我们可以使用 chr 函数将 ASCII 码转换为对应的字符。例如，我们可以使用 chr 函数将 65 转换为字符'A'，代码如下：

```
result = chr(65)print(result)
```

输出结果为：

'A'

3.9.3.2 ord 函数的用法

ord 函数是 Python 中的另一个内建函数,用于将字符转换为对应的 ASCII 码。我们可以使用 ord 函数将字符转换为对应的 ASCII 码。例如,我们可以使用 ord 函数将字符 'A' 转换为 65,代码举例如下:

```
result = ord('A')
print(result)
```

输出结果为:
65

3.9.3.3 chr 和 ord 函数的应用

(1)字符加密和解密。通过利用 chr 函数将明文字符转换为 ASCII 码,并进行一定的运算或规则变换,然后使用 ord 函数将密文 ASCII 码转换为字符,我们可以实现简单的字符加密和解密。代码举例如下:

```
def encrypt(text, key):
    result = ""
    for char in text:
        enc_char = chr(ord(char) + key)
        result += enc_char
    return result
def decrypt(text, key):
    result = ""
    for char in text:
        dec_char = chr(ord(char) - key)
        result += dec_char
    return result
message = "Hello, world!"
encrypted_message = encrypt(message, 5)
print(encrypted_message)
decrypted_message = decrypt(encrypted_message, 5)
print(decrypted_message)
```

输出结果为:
M
H

(2)编码和解码。通过 chr 函数和 ord 函数,我们可以实现字符的编码和解码。例如,我们可以使用 ord 函数将字符转换为对应的 ASCII 码,然后利用 chr 函数将 ASCII 码转换为二进制表示形式,从而实现编码和解码的过程。代码举例如下:

```
def encode(text):
    result = ""
    for char in text:
        binary = bin(ord(char))[2:]
        result += binary + " "
    return result
def decode(text):
    result = ""
    binary_list = text.split()
    for binary in binary_list:
        char = chr(int(binary, 2))
        result += char
    return result
message = "Hello, world!"
encoded_message = encode(message)
print(encoded_message)
decoded_message = decode(encoded_message)
print(decoded_message))
```

输出结果为：
1001000
H

3.9.3.4 结论

chr 函数和 ord 函数在字符和数字之间的转换过程中发挥着重要作用，可以帮助我们在编程过程中进行字符的加密、解密、编码和解码等操作。

3.9.4 内建函数 isinstance

语法：isinstance(object,type)。作用：判断一个对象是否为一个已知的类型。其中，第一个参数(object)为对象，第二个参数(type)为类型名(int…)或类型名的一个列表[(int,list,float)是一个列表]。返回值为布尔型(True or Flase)。

若对象的类型与第二个参数的类型相同则返回 True。如果第二个参数为一个元组，则对象类型与元组中类型名之一相同即返回 True。下面是两个代码举例：

例 1：

```
a = 4
isinstance (a,int)
```

输出结果为 True。

```
isinstance (a,str)
```

输出结果为 False。

```
isinstance (a,(str,int,list))
```

输出结果为 True。

例 2：

```
a = "b"
isinstance(a,str)
```

输出结果为 True。

```
isinstance(a,int)
```

输出结果为 False。

```
isinstance(a,(int,list,float))
```

输出结果为 False。

```
isinstance(a,(int,list,float,str))
```

输出结果为 True。

3.9.5 zip 函数

Python 中的 zip 函数是一个功能强大且实用的内置工具，它能够同时遍历多个可迭代对象，并将这些对象的元素一一对应地打包成元组的形式。这个函数的运用方式相当简洁明了，我们只需简单地将希望同时迭代的多个可迭代对象作为参数传递给 zip 函数即可。不过，需要注意的是，zip 函数直接返回的结果并不是一个可以直接操作的字典，而是一个特殊的 zip 对象。这个 zip 对象包含了一系列由输入对象的对应元素组成的元组。如果我们希望将这些元组转换为一个字典，那么就需要借助 dict 函数进行进一步的转换。

zip 函数能够接收任意数量的可迭代对象作为输入，然后生成一个 zip 对象。这个 zip 对象实质上是一个迭代器，它每次迭代都会产生一个由各个输入对象的当前元素组成的元组。这种机制使得 zip 函数在处理需要并行遍历多个序列的场景中显得尤为有用。代码举例如下：

```
list1 = [1, 2, 3]
list2 = ['a', 'b', 'c']
result = zip(list1, list2)
print(result)
```

输出结果为一个 zip 对象,类似于< zip object at 0x000001E66C255740> 。
为了将 zip 对象转换为字典,我们需要使用 dict 函数,代码举例如下:

```
list3 = [4, 5, 6]
list4 = ['d', 'e', 'f']
result = zip(list3, list4)
dict_result = dict(result)
print(dict_result)
```

输出结果为一个字典,类似于{4: 'd', 5: 'e', 6: 'f'}。

当可迭代对象的长度不一致时,zip 函数会以最短的可迭代对象的长度为准进行打包,代码举例如下:

```
list5 = [7, 8, 9]
list6 = ['g', 'h']
result = zip(list5, list6)
d_result = dict(result)
print(d_result)
```

输出结果类似于{7: 'g', 8: 'h'},这是因为 list1 的长度为 3,list2 的长度为 2,zip 函数只会取最短的两个元素进行打包和转换。

有时候,我们希望通过 zip 函数将字典中的键值对进行反转。通过将字典的键和值分别作为可迭代对象传入 zip 函数,可以轻松实现这一点。代码举例如下:

```
my_dict = {'a': 1, 'b': 2, 'c': 3}
result = zip(my_dict.values(), my_dict.keys())
dict_rlt = dict(result)
```

print(dict_rlt)输出结果为一个字典{1: 'a', 2: 'b', 3: 'c'},这是因为 zip 函数将 my_dict 的值作为键,将 my_dict 的键作为值进行了打包和转换。

总体而言,zip 函数在 Python 中是一个极具实用性的内置函数,它拥有能够同时迭代多个可迭代对象,并将这些对象的元素一一配对、打包成元组的强大功能。这一特性使得 zip 函数在处理复杂数据结构时表现出色。更值得一提的是,通过结合使用 dict 函数,我们可以轻松地将 zip 对象转换成字典,这一转换过程进一步拓宽了 zip 函数的应用领域。

无论是在处理长度不一致的可迭代对象时,需要自动截断至最短序列长度的情况,还是在需要并行处理多个可迭代对象,以进行高效数据整合的场景,甚至是在实现键值对反转这样的特殊需求中,zip 函数都展现出了卓越的灵活性和实用性。简而言之,zip 函数以其独特的功能和广泛的应用场景,为 Python 程序员提供了极大的便利和帮助。

3.9.6 词云图的制作

首先是提取关键词,主要使用 jieba 这个库。如果没有安装该库,应先打开 cmd 进行安装(pip install jieba)。

安装完成后,我们先来看一下调用 jieba 中的 textrank 和 tf-idf 抽取关键词的情况,代码举例如下:

```
import jieba.analyse
corpus = "996 工作制是一种违反《中华人民共和国劳动法》的延长法定工作时间的工作制度,指的是早上 9 点上班、晚上 9 点下班,中午和傍晚休息 1 小时(或不到),总计工作 10 小时以上,并且一周工作 6 天的工作制度,代表着中国互联网企业盛行的加班文化"
keywords_textrank = jieba.analyse.textrank(corpus)
print(keywords_textrank)
```

输出为:['工作','企业','制度','延长','盛行','小时','法定','劳动法','互联网','中国','时间','违反','代表','加班','中华人民共和国','总计','不到','文化','工作制','休息']

```
keywords_tfidf = jieba.analyse.extract_tags(corpus)
print(keywords_tfidf)
```

输出为:['工作','996','企业','延长','工作制','制度','劳动法','违反','下班','傍晚','法定','总计','违反','上班','盛行','休息','互联网','延长','加班']

由此看来,tf-idf 的结果貌似更好一点。在一些关键词提取任务中,大部分情况下,tf-idf 同 textrank 的结果都很相似,实际使用的时候建议两个函数都试试,择优选用。

代码举例如下:

```
import xlrd
import sys
import traceback
from datetime import datetime
from xlrd import xldate_as_tuple
import jieba.analyse


class excelHandle:
    def decode(self, filename, sheetname):
        try:
            filename = filename.decode('utf-8')
            sheetname = sheetname.decode('utf-8')
        except Exception:
```

```python
            print (traceback.print_exc())
        return filename, sheetname

    def read_excel(self, filename, sheetname):
        filename, sheetname = self.decode(filename, sheetname)
        rbook = xlrd.open_workbook(filename)
        sheet = rbook.sheet_by_name(sheetname)
        rows = sheet.nrows
        cols = sheet.ncols
        all_content = []
        for i in range(rows):
            row_content = []
            for j in range(cols):
                ctype = sheet.cell(i, j).ctype   # 表格的数据类型
                cell = sheet.cell_value(i, j)
                if ctype == 2 and cell % 1 == 0:  # 如果是整型
                    cell = int(cell)
                elif ctype == 3:
                    # 转成 datetime 对象
                    date = datetime(* xldate_as_tuple(cell, 0))
                    cell = date.strftime('% Y/% d/% m % H:% M:% S')
                elif ctype == 4:
                    cell = True if cell == 1 else False
                row_content.append(cell)
            all_content.append(row_content)
            text = '[' + ','.join("'" + str(element) + "'" for element in row_content) + ']'
            # print('[' + ','.join("'" + str(element) + "'" for element in row_content) + ']')
            keywords_tfidf = jieba.analyse.extract_tags(text)
            print(keywords_tfidf)
        return all_content

if __name__ == '__main__':
    eh = excelHandle()
    filename = r'C:\Users\82154\Desktop\jieba\test.xls'
    sheetname = '2.4'
    eh.read_excel(filename, sheetname)
```

上面的代码功能是读取 Excel 表格中的内容进行输出,值得一提的是,文件里面的分表名称也是要自己动手去修改的,使用时要注意 decode('utf-8')函数,要注意自己的编码格式。

下面简单介绍一下词云的生成,代码举例如下:

```python
import matplotlib.pyplot as plt
import jieba
from wordcloud import WordCloud
# 1.读入 txt 文本数据
text = open(r'eee.txt', "r",encoding= "UTF-8").read()
# print(text)
# 2.jieba 中文分词,生成字符串,默认精确模式,如果不通过分词,无法直接生成正确的中文词云
cut_text = jieba.cut(text)
# print(type(cut_text))
# 必须给出一个符号分隔开分词结果来形成字符串,否则不能绘制词云
result = " ".join(cut_text)
# print(result)
# 3.生成词云图,这里需要注意的是 WordCloud 默认不支持中文,所以这里需要已下载好的中文字库
# 无自定义背景图:需要指定生成词云图的像素大小,默认背景颜色为黑色,统一文字颜色:mode= 'RGBA'和 colormap= 'pink'
wc = WordCloud(
    font_path= 'simhei.ttf',
    # 设置字体,不指定就会出现乱码
    # 设置背景色
    background_color= 'white',
    # 设置背景宽
    width= 300,
    # 设置背景高
    height= 250,
    # 最大字体
    max_font_size= 50,
    # 最小字体
    min_font_size= 10,
    mode= 'RGBA'
    # colormap= 'pink'
    )
```

```
# 产生词云
wc.generate(result)
# 保存图片
wc.to_file(r"wordcloud.png") # 按照设置的像素宽高度保存绘制好的词云
图,比下面程序显示更清晰
# 4.显示图片
# 指定所绘图名称
plt.figure("jay")
# 以图片的形式显示词云
plt.imshow(wc)
# 关闭图像坐标系
plt.axis("off")
plt.show()
```

需要注意的是:

font_path='simhei.ttf'必须设置字体,字体可以再改,但必须有。

text=open(r'eee.txt',"r",encoding="UTF-8").read()可以换成text=open(r'eee.txt',"rb").read(),但对编码有要求,需要自己去处理。要注意编码格式和文件地址,很多时候错误就出现在这里。

在进行数据处理时,首先要明确分析的目标,也就是需要解答的问题以及期望得出的结论。换句话说,必须先设定清晰的分析意图,然后整理分析思路,并建立一个系统的分析框架。这个过程中,我们会将整体的分析目标拆解成多个具体的分析点,明确如何详细展开数据分析工作,如我们需要从哪些角度入手进行分析,以及需要采用哪些分析指标,这些指标如何合理搭配,以确保分析的全面性。同时,我们也要保证所建立的分析框架具有系统性和逻辑性。

大多数情况下,在进行正式的数据处理之前,我们需要对原始数据进行一些预处理操作,这些操作包括:

①数据清洗,例如处理异常值、重复值,以及处理缺失的数据。

②数据转换,例如将性别信息"男""女"转换为数字"0""1"。

③数据抽取,主要是特征的选择,即提取出对分析目标有影响的数据特征。

④数据合并,将多项相关数据汇总成一项特定的数据。

⑤数据计算,对数据进行必要的数学运算。

上面这些预处理方法可以帮助我们将原始的、杂乱无章的数据转化为符合数据分析需求的标准格式。

数据通常以表格和图形的形式来展现。我们常使用的数据图包括饼图、柱形图、条形图、折线图、气泡图、散点图、雷达图等。有时,我们还需要对数据进行更深入的加工,将其转化为金字塔图、矩阵图、漏斗图、帕累托图等更为复杂的图形。一般来说,如果我们能用图形来清晰地表达数据,就不使用表格;同样,如果我们能用表格来明确地展示数据,就不使用文字描述。

制作图表时,我们通常遵循五个步骤:第一步,确定我们要表达的主题;第二步,选择最适合表达该主题的图表类型;第三步,选取相应的数据来制作图表;第四步,检查图表是否真实地反映了数据的情况;第五步,确认图表是否准确地表达了我们的观点。

需要注意的是,虽然数据本身是客观的,但是人们对数据的解读却往往是主观的。相同的数据,由不同的人进行分析,很可能会得出截然不同的结论。因此,我们在进行数据分析时,必须保持客观中立的态度,不能预先带有任何主观偏见。

3.10 参考代码

(1)生成指定长度的随机密码,参考代码如下:

```python
import string
import random
characters = string.digits + string.ascii_letters
print(''.join([random.choice(characters) for i in range(8)]))     # 返回8位的密码字段
print(''.join([random.choice(characters) for i in range(10)]))    # 返回10位的密码字段
print(''.join([random.choice(characters) for i in range(16)]))    # 返回16位的密码字段
```

(2)编写程序实现字符串加密和解密,循环使用指定密钥,采用简单的异或算法,参考代码如下:

```python
# 加密:
from itertools import cycle
source = '山东 university'
key = 'zhangxiangwei'
result = ''
temp = cycle(key)
print(type(temp))
for ch in source:
    result = result + chr(ord(ch) ^ ord(next(temp)))
print(result)
# 解密:
source2 = result
temp = cycle(key)
print(type(temp))
```

```
result2= ''
for ch in source2:
    result2 = result2 + chr(ord(ch) ^ ord(next(temp)))
print(result2)
```

(3)检查并判断密码字符串的安全强度,密码必须至少包含 6 个字符,参考代码如下:

```
import string
pwd = input('input a password')
# 密码必须至少包含 6 个字符
if not isinstance(pwd, str) or len(pwd) < 6:
    return 'not suitable for password'
# 密码强度等级与包含字符种类的对应关系
d = {1:'weak', 2:'below middle', 3:'above middle', 4:'strong'}
# 分别用来标记 pwd 是否含有数字、小写字母、大写字母和指定的标点符号
r = [False] * 4
for ch in pwd:
    # 是否包含数字
    if not r[0] and ch in string.digits:
        r[0] = True
        # 是否包含小写字母
        elif not r[1] and ch in string.ascii_lowercase:
            r[1] = True
        # 是否包含大写字母
        elif not r[2] and ch in string.ascii_uppercase:
            r[2] = True
        # 是否包含指定的标点符号
        elif not r[3] and ch in ',.!;? < > ':
            r[3] = True
# 统计包含的字符种类,返回密码强度
result = d.get(r.count(True), 'error')
```

(4)编写程序,评定模拟打字练习的成绩。假设 origin 为原始内容,userInput 为用户练习时输入的内容,要求用户输入的内容长度不能大于原始内容的长度,如果对应位置的字符一致则认为正确,否则判定输入错误。最后成绩为:正确的字符数量/原始字符串长度,按百分制输出,要求保留 2 位小数,参考代码如下:

```
origin = '''Beautiful is better than ugly.\
Explicit is better than implicit.\
Simple is better than complex.\
Complex is better than complicated.\
Flat is better than nested.'''
print("原始字符串:",origin)
userInput = input("请按照原始字符串输入:")
if len(origin)< len(userInput):
    print("输入字符串和原始字符串长度不一致!")
# 精确匹配的字符个数
right = sum(1 for oc, uc in zip(origin, userInput) if oc= = uc)
rate = right/len(origin)
print("正确率为:{}% ".format(round(rate * 100, 2)))
```

(5)学习 jieba、wordcloud、matplotlib 模块的用法,制作词云图,需要安装 jieba 和 wordcloud 模块,参考代码如下:

```
import matplotlib.pyplot as plt
import jieba
from wordcloud import WordCloud
from wordcloud import STOPWORDS
# 1.读入 txt 文本数据
text = open(r'eee.txt', "r",encoding= "UTF- 8").read()
# print(text)
# 2.jieba 中文分词,生成字符串,默认精确模式,如果不通过分词,无法直接生成正确的中文词云
cut_text = jieba.cut(text)
# print(type(cut_text))
# 必须给出一个符号分隔开分词结果来形成字符串,否则不能绘制词云
result = " ".join(cut_text)
print(result)
# 3.生成词云图,这里需要注意的是 WordCloud 默认不支持中文,所以这里需要已下载好的中文字库
# 无自定义背景图:需要指定生成词云图的像素大小,默认背景颜色为黑色,统一文字颜色:mode= 'RGBA'和 colormap= 'pink'
# STOPWORDS.update('的','在','和','说','以','是','了','为','要','不','新','上','把','对','我们','更加','表示','等','副')
```

```python
    stopword= ['的','在','和','说','以','是','了','为','要','不','新','上','把',
'对','我们','更加','表示','等','副','他','人员','学生','相关','提供','用','月']
    # stopword= ['企业']
    STOPWORDS.update(stopword)
    # print(STOPWORDS)
    wc = WordCloud(
            # font_path= 'simhei.ttf',# 黑体
            font_path= 'msyh.ttc',# 微软雅黑 simkai.ttf 楷体 Deng.ttf 等线常规 Dengb.ttf 等线粗体
            # 设置字体(微软雅黑),不指定就会出现乱码
            # 设置背景色
            background_color= 'white',
            # 设置背景宽
            width= 600,
            # 设置背景高
            height= 500,
            # 最大字体
            max_font_size= 90,
            # 最小字体
            min_font_size= 20,
            mode= 'RGBA'
            # colormap= 'pink'
            )
    # 产生词云
    wc.generate(result)
    # 保存图片
    wc.to_file(r"wordcloud.png") # 按照设置的像素宽高度保存绘制好的词云图,比下面程序显示更清晰
    # 4.显示图片
    # 指定所绘图名称
    plt.figure("jay")
    # 以图片的形式显示词云
    plt.imshow(wc)
    # 关闭图像坐标系
    plt.axis("off")

    plt.show()
    wc.to_file('beautifulcloud.png')
```

实验 4　　函数的编写和使用

4.1　实验项目

函数的编写和使用。

4.2　实验类型

设计型实验。

4.3　实验目的

(1)熟悉并掌握函数的定义和调用。
(2)理解函数形参和实参的含义,能够正确设置形参类型。
(3)理解隐含函数 lambda。

4.4　知识点

(1)函数的定义和调用。
(2)函数形参和实参的含义。
(3)隐含函数 lambda。

4.5　实验原理

(1)def 定义函数。
(2)函数名参数后面添加冒号表示函数体开始。
(3)利用缩进表示函数体。
(4)函数内参数为局部变量。

4.6　实验器材

计算机、Windows 10 操作系统、Anaconda、Jupyter Notebook。

4.7 实验内容

4.7.1 编程练习

(1) 输出"水仙花数"。所谓"水仙花数",是指一个 3 位的十进制数,其各位数字的立方和等于该数本身。例如,153 就是水仙花数,因为 $153 = 1^3 + 5^3 + 3^3$。请使用函数式编程＋内置函数来实现。

(2) 把列表中的所有数字都加 5,得到新列表。请使用函数实现。

(3) 计算两点间的曼哈顿距离。

(4) 判断密码强度,数字、小写字母、大写字母和指定的标点符号,分别对应 weak、below middle、above middle、strong。

(5) 编写函数,求任意一个数的立方根。

4.7.2 趣味小实验

自己上网搜索将图片转换为字符画的 Python 代码,尝试将一幅图片转换为字符画。

4.8 实验报告要求

实验报告的主要内容:完成要求的程序编写,提交源代码和运行结果。

4.9 相关知识链接

4.9.1 什么是 lambda 函数

名称作为一种标识符,用于指代或定位各种实体,构成了我们认知和与世界交互的基础。从日常用品到复杂概念,名称无处不在。在编程领域,这一原则同样适用,变量、函数、类等都需要通过名称来引用。然而,这是否意味着所有事物都必须有一个明确的名称呢?其实不然。在 Python 编程语言中,存在一种名为 lambda 的匿名函数,它没有具体的名称,却依旧能够执行特定的功能。接下来,我们将深入探索 Python 中的这个"无名英雄",揭开它的神秘面纱。

4.9.1.1 为什么要使用 Python lambda 函数

匿名函数的主要优势在于其便捷性和灵活性,特别是当读者只需一次性使用某个特定功能时,它们的价值就凸显出来了。读者可以在需要的任何地方快速创建这些函数,不需要事先声明或定义。正因如此,Python 中的 lambda 函数也常被称作"即用即弃"或"一次性"函数,并且它们经常与诸如 filter()、map() 等内置函数结合使用,以实现更为高效和简洁的代码逻辑。

4.9.1.2 什么是 Python 的 lambda 函数

简而言之,Python 的 lambda 函数就是那些没有具体名称的函数。它们常被称作"匿名函数"或者"无名函数",因为这类函数并不需要一个显式的名字来标示。在这里,"lambda"并不是一个函数名,而是一个特定的关键字。这个关键字的作用是指明紧随其后的函数定义是一个匿名的,也就是说,它不需要(也不会有)一个具体的名字。

4.9.1.3 如何编写 lambda 函数

Python 的 lambda 函数具有极高的灵活性,其可以接受任意数量的参数,并仅需一个表达式来定义函数的行为。这些参数可以从无开始,即 lambda 函数可以不接受任何参数,也可以接受多个参数,没有具体的上限。就像标准的 Python 函数一样,一个不带任何输入参数的 lambda 函数同样是完全有效的。因此,lambda 函数的定义形式非常多样,可以是以下任意一种:

首先,我们可以定义一个不接受任何参数的 lambda 函数,如 lambda:"指定的操作"。在这个例子中,lambda 函数不接受任何输入。

其次,我们可以定义一个接受单一输入的 lambda 函数,如 lambda x:"使用 x 进行指定操作"。在这种情况下,lambda 函数接受一个参数 x。

最后,我们也可以定义接受多个参数的 lambda 函数,如 lambda a1, a2, …, an:"使用 a1, a2, …, an 进行指定操作"。

为了更直观地理解,我们来看几个具体的例子。

范例 1:

```python
a = lambda x: x* x
print(a(3))    # 输出:9
```

在这个例子中,我们定义了一个 lambda 函数,它接受一个参数 x 并返回 x 的平方。当我们传入 3 作为参数时,它返回 9。

范例 2:

```python
a = lambda x, y: x* y
print(a(3, 7))    # 输出:21
```

在这个例子中,我们定义了一个接受两个参数的 lambda 函数,它返回这两个参数的乘积。当我们传入 3 和 7 作为参数时,它返回 21。

值得注意的是,这两个 lambda 函数都只有一个表达式,并且表达式后面直接跟参数。因此,lambda 函数不适用于需要多行表达式的情况。相比之下,普通的 Python 函数可以在其定义中包含任意数量的语句。

那么,匿名函数如何帮助我们减少代码量呢?为了回答这个问题,我们先回顾一下普通函数的定义方式,并将其与 lambda 函数的定义方式进行对比。

在 Python 中,普通函数是使用 def 关键字定义的,其基本语法如下:

```python
def function_name(parameters):
    statement
```

可以看出，与普通函数相比，lambda 函数所需的代码量明显减少。可能有人会问，既然 lambda 函数是无名的，为什么我们还需要通过其他变量（如上面的 a）来调用它呢？这样做岂不是违背了"无名"的初衷吗？

为了回答这个问题，首先需要明确的一点是，直接通过变量调用并不是 lambda 函数的最佳使用方式。lambda 函数的真正优势在于其可以在其他高阶函数中使用，这些高阶函数将 lambda 函数作为参数或返回函数进行输出。为了证明这一点，我们将继续深入探讨 Python 中的 lambda 函数在高阶函数中的应用。

例如，我们可以创建一个新的函数 new_func()，它接受一个参数 x，并将这个参数与通过 lambda 函数提供的另一个未知参数 y 相加。这种方式能够充分利用 lambda 函数的匿名性和简洁性，使得代码更加灵活和高效。代码举例如下：

```
def new_func(x):
    return (lambda y: x + y)
t = new_func(3)
u = new_func(2)
print(t(3))  # 输出 6
print(u(3))  # 输出 5
```

在这个例子中，每次调用 new_func() 时，都会返回一个新的 lambda 函数。这些 lambda 函数封装了 new_func() 的参数 x，并能够接收一个额外的参数 y。通过这种方式，我们可以为每次调用 new_func() 生成一个独特的加法函数，它会将传入的 y 与在 new_func() 中预设的 x 相加。

4.9.1.4 如何在 filter()、map() 和 reduce() 中使用匿名函数

（1）filter() 中的匿名函数。filter 函数用于过滤可迭代对象（如列表、集合等）中的元素。它使用一个函数来测试每个元素，只保留使该函数返回 True 的元素。代码举例如下：

```python
my_list = [2, 3, 4, 5, 6, 7, 8]
new_list = list(filter(lambda a: (a // 3 == 2), my_list))
print(new_list)  # 输出 [6]
```

在这个例子中，我们使用一个 lambda 函数来检查 my_list 中的每个元素是否在被 3 除后结果等于 2。经检查发现，只有 6 满足这个条件，因此 new_list 只包含 6。

（2）map() 中的匿名函数。map 函数接收一个函数和一个可迭代对象，并将该函数应

用于可迭代对象的每个元素,返回一个新的迭代器。代码举例如下:

```
my_list = [2, 3, 4, 5, 6, 7, 8]
new_list = list(map(lambda a: (a // 3 ! = 2), my_list))
print(new_list)    # 输出 [True, True, True, True, False, True, True]
```

在这个例子中,我们使用一个 lambda 函数来检查 my_list 中的每个元素除以 3 的结果是否不等于 2。对于列表中除 6 之外的所有元素,这个条件都是成立的,因此 new_list 包含了一系列布尔值,其中只有对应于 6 的位置是 False。

(3) reduce()中的匿名函数。reduce 函数接收一个函数和一个可迭代对象,并将该函数连续应用于可迭代对象的元素,最终返回一个单一的值。

示例 1:

```
from functools import reduce
numbers = [1, 2, 3, 4, 5]
result = reduce(lambda acc, x: acc + x, numbers, 0)
print(result)    # 输出 15
```

在这个例子中,我们使用一个 lambda 函数来累加 numbers 列表中的所有元素。reduce 函数从初始值 0 开始,连续将每个元素与累加器(accumulator)相加,最终得到所有元素的总和。这里,lambda 函数扮演了累加器的角色,每次迭代都将当前元素加到累加器上,并返回新的累加值。

示例 2:

```
from functools import reduce
reduce(lambda a,b: a+ b, [23,21,45,98])
```

图 4.1 展示了上面的示例 2:

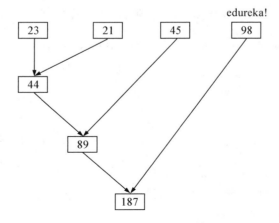

图 4.1 reduce()函数关系图

输出结果:187。

输出结果清楚地表明,列表的所有元素都被连续添加以返回最终结果。

4.9.2 曼哈顿距离

曼哈顿距离也被称为"出租车几何",最早由 19 世纪的数学家赫尔曼·闵可夫斯基提出。这是一种几何学术语,专门用于描述在几何度量空间中,两个点在标准坐标系上的绝对轴距的总和。简而言之,它就是计算两点之间在各个维度上的差的绝对值之和,如图 4.2 所示。

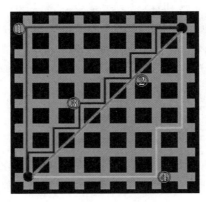

图 4.2 曼哈顿距离示意图

图中①线代表曼哈顿距离,②线代表欧氏距离,也就是直线距离,而③线和④线代表等价的曼哈顿距离。曼哈顿距离也被称为 $L1$ 距离或城市区块距离,是计算两点之间距离的一种方式。具体来说,它是两点在南北方向(或纵向)上的差的绝对值与在东西方向(或横向)上的差的绝对值之和。公式表示为 $d(i,j)=|x_i-x_j|+|y_i-y_j|$。这种距离度量方式得名于纽约曼哈顿区的街道布局,因为在这样的城市网格中,从一点到另一点的最短路径往往就是沿着网格线行走,即先南北行走一段距离,再东西行走一段距离。因此,曼哈顿距离也常被形象地称为"出租车距离"。

值得注意的是,曼哈顿距离并不是距离不变量,它会随着坐标轴的变化而变化。在早期的计算机图形学中,浮点运算的成本较高且可能存在误差,因此曼哈顿距离因其仅涉及加减运算而备受欢迎,这大大提高了图形处理的运算速度和精度。简而言之,曼哈顿距离是一种在直角坐标系中,通过计算两点在各坐标轴上的投影距离之和来度量两点间距离的方法。例如,在平面上,坐标 (x_1,y_1) 的 i 点与坐标 (x_2,y_2) 的 j 点的曼哈顿距离为:

$$d(i,j)=|x_1-x_2|+|y_1-y_2|$$

需要注意的是,曼哈顿距离的特性在于它对坐标系统的旋转敏感,而非平移或映射。这一名称的由来,与方形建筑区块的城市(如曼哈顿)中的最短行车路径密切相关(这里未考虑曼哈顿的单向车道和某些特定的斜向车道)。在这样的城市中,任何向东三个区块、向北六个区块的路径,都至少需要走过九个区块,没有更短的捷径。

在出租车几何学中,除了"边角边"(SAS)全等定理外,其他希尔伯特定理均得到满足。SAS 全等定理指的是,如果两个三角形的两边及它们之间的夹角分别相等,则这两个三角形全等。但在出租车几何学中,这一定理并不适用。

此外,在出租车几何学中,"圆"的定义也有所不同。它是由从圆心出发,按照固定的曼哈顿距离标记出的点所围成的区域。这样的"圆"实际上是一个旋转了 45 度的正方形。当一群这样的"圆"相互交叉时,它们必然会在某一点相交,这使得曼哈顿距离形成了一个超凸度量空间。对于一个半径为 r 的"圆",其对应的正方形边长为 $\sqrt{2}r$。在二维平面上,这个"圆"对于切比雪夫距离来说,也相当于一个边长为 $2r$ 的正方形(相对于坐标轴)。因此,二维的切比雪夫距离可以被视为旋转并放大了的二维曼哈顿距离。但值得注意的是,这种在 L_1 和 L_∞ 之间的等价关系,在更高维度上并不成立。

(1)数学性质

非负性:$d(i,j) \geqslant 0$,即距离是一个非负的数值。

同一性:$d(i,i)=0$,即对象到自身的距离为 0。

对称性:$d(i,j)=d(j,i)$,这两个距离是两个对称函数。

三角不等式:$d(i,j) \leqslant d(i,k)+d(k,j)$,其表示从对象 i 到对象 j 的直接距离不会大于途经的任何其他对象 k 的距离和棋盘上的距离计量结果。

在国际象棋中,不同棋子在棋盘上的移动方式各有特点,这些都与它们所采用的距离计算方式密切相关。"车"(城堡)在棋盘上的移动是依据曼哈顿距离来计算的,即它在水平和垂直方向上移动的格数之和;而"王"(国王)和"后"(皇后)则是按照切比雪夫距离来移动,这意味着它们可以选择沿对角线或直线方向移动任意格数,具体取决于这两个方向上的最大值。"象"(主教)的移动方式更为独特,它是按照旋转了 45 度的曼哈顿距离来计算的,也就是说,它只能在同色格子上以斜线方向行走。这种移动方式使得"象"在棋盘上有着独特的行走路径。

值得注意的是,在这些棋子中,只有"国王"的移动是受限的,它必须一步一步地移动;而"皇后""主教"和"城堡"则具有更大的灵活性,它们可以在没有障碍物的情况下,通过一次或两次移动到达棋盘上的任意一格(对于"主教"来说,还需考虑格子的颜色)。

(2)曼哈顿与欧几里得距离

图 4.2 中的①③④线均代表曼哈顿距离,它们各自表示的路径长度都是相同的(为 12 单位);而②线则代表欧几里得距离,其长度大约为 8.48 单位($6\sqrt{2}$)。

简而言之,曼哈顿距离就是两点之间在南北方向(纵向)上的距离与在东西方向(横向)上的距离之和,其公式表达为 $d(i,j) = |x_i - x_j| + |y_i - y_j|$。想象一下,如果你身处一个城镇,其街道都是笔直的且呈网格状布局,那么从一处移动到另一处,最直接的方式就是先沿一个方向直行,然后再沿另一个方向直行。但应注意的是,曼哈顿距离并不是一个恒定的值,它会随着坐标轴的旋转或变换而发生变化。

4.9.3 从 0.1 加 0.2 不等于 0.3 谈 Python 浮点数的"前世今生"

4.9.3.1 0.1 加 0.2 不等于 0.3

听起来可能有些不可思议，但在编程世界中，0.1 加 0.2 的结果确实并不总是精确地等于 0.3。这一现象并非 Python 独有，任何遵循 IEEE754 二进制浮点数算术标准（ANSI/IEEE Std 754-1985）的编程语言（如 C 语言）都存在同样的问题。以下是在 Python 环境中的简单验证代码：

```
print(0.1 + 0.2 = = 0.3)   # 输出:False
print(0.1 + 0.2)   # 输出:0.30000000000000004
```

为何会这样呢？要解答这个问题，我们得深入了解浮点数的内部表示。在 Python 中，所有的数据都是对象，浮点数也不例外。我们可以通过浮点数对象的 hex() 方法来窥探其内部的十六进制表示。

我们先来创建两个浮点数对象 a 和 b，其中 a 代表 0.1+0.2 的结果，b 直接代表 0.3，并查看它们的十六进制形式，代码如下：

```
a = 0.1 + 0.2
b = 0.3
print(a.hex())   # 输出:'0x1.3333333333334p-2'
print(b.hex())   # 输出:'0x1.3333333333333p-2'
```

显然，a 和 b 的十六进制表示并不相同，上面代码中的 p−2 表示小数点需要左移两位（如果是 p+3，则表示小数点右移三位）。如果我们将这些十六进制数转换为二进制数，差异就更加明显了：

a 的二进制表示（部分）：0.01 0011 0011 … 0011 0011 0100
b 的二进制表示（部分）：0.01 0011 0011 … 0011 0011 0011

可以看到，尽管两个数在十进制中看起来应该相等，但在二进制浮点数表示中，它们却存在微小的差异，这正是由浮点数的精度限制所导致的。这也是在计算机编程中，对浮点数的比较往往需要特别小心处理的原因。

4.9.3.2 为什么要使用浮点数

在广袤无垠的宇宙中，星球之间的距离常以万亿千米来计算，显得无比遥远。然而，当我们把目光转向微观世界时，人类的认知已经深入到纳米级别，甚至能够探索到氢原子基态电子轨道的精细尺寸（仅为 0.0528 纳米）。要表示这样巨大的数值范围，如果使用定点数，将会占用巨大的存储空间。因此，浮点数便应运而生，以更高效地处理这种大范围的数值表示。浮点数可以简单地理解为科学记数法在计算机中的实现。

Python 中采用的浮点数是双精度浮点数，它遵循 IEEE754 标准，使用 64 位（即 8 个字节）来表示一个浮点数。这 64 位中，1 位用于表示符号，11 位用于表示指数，而剩下的 52 位则用于表示尾数。

现在，我们可以通过 Python 的 sys 模块来查看双精度浮点数的相关信息，代码如下：

```
import sys
print(sys.float_info)
```

运行上述代码，将获得有关双精度浮点数的详细信息，包括其能表示的最大和最小值、指数的范围、有效数字的位数等。这些信息有助于我们更深入地了解浮点数的内部表示和限制。

4.9.3.3 浮点数的二进制和十进制是怎样转换的

对于二进制中的整数部分，从右至左每一位的权重是依次翻倍的，如 1、2、4、8 等；而对于二进制的小数部分，从小数点后的第一位开始，每一位的权重是依次减半的，如 0.5、0.25、0.125、0.0625 等。利用这一特性，我们可以轻松地将浮点数的二进制形式转化为十进制。举例来说，二进制的 0.1 对应十进制的 0.5，二进制的 0.01 对应十进制的 0.25，而二进制的 0.11 则对应十进制的 0.75。

现在，我们以十进制浮点数 9.25 为例，深入探讨浮点数的存储方式。将 9.25 转换为二进制得到 0b1001.01。为了让小数点后只有一位整数，我们需要将小数点左移三位，得到 0b1.00101。此时，小数点后的部分（尾数）为 00101，在补齐三个零后转换为十六进制就是 0x28。由于小数点左移了三位，因此指数为 3。

我们可以用下面的代码来验证这一过程：

```
a = 9.25
print(a.hex())    # 输出：'0x1.2800000000000p+3'
```

这个结果与我们之前手动转换的结果完全一致。对于双精度浮点数，由于其尾数部分默认整数位有一个 1，所以其能表示的最大数的指数实际上从 1023 增加到了 1024。当 52 位尾数全部为 1，且指数位为 1024 时，该数达到了双精度浮点数能表示的最大值。通过计算，我们可以得到这个最大值的近似十进制表示。此外，Python 还提供了两个函数用于实现浮点数在二进制和十进制之间的转换，代码举例如下：

```python
import math
def decimal_to_binary(number, precision= 52):
    """将十进制浮点数转换为二进制字符串，precision 指定小数部分的位数"""
    integer_part = int(number)
    decimal_part = number - integer_part
    binary_string = ""
    while decimal_part > 0 and len(binary_string) < precision:
        decimal_part * = 2
        if decimal_part > = 1:
            binary_string + = '1'
            decimal_part - = 1
        else:
            binary_string + = '0'
    return f'{bin(integer_part)[2:]}.{binary_string}'
def binary_to_decimal(binary_string):
    """将二进制字符串转换为十进制浮点数"""
    integer_part, decimal_part = binary_string.split('.')
    decimal_value = int(integer_part, 2)
    for i, bit in enumerate(decimal_part):
        if bit = = '1':
            decimal_value + = 2 * * - (i + 1)
    return decimal_value
```

使用上面这两个函数，我们可以轻松地在二进制和十进制之间转换浮点数，代码举例如下：

```
print(decimal_to_binary(10.11))   # 输出二进制表示
print(binary_to_decimal('1010.0001110000101000111101011100001010001111010111
'))  # 输出十进制数值
```

4.9.3.4　如何实现 0.1 加 0.2 等于 0.3

我们已经了解到，浮点数在进行运算时，由于精度限制，其结果可能与我们预期的数学结果存在微小差异。但是，有没有办法能够确保浮点数运算的结果与我们的预期完全一致呢？答案是肯定的。Python 为我们提供了一个非常有用的模块 decimal，这个模块就是专门为了解决这类精度问题而设计的。

下面的代码展示了如何使用 decimal 模块来确保 0.1 加 0.2 的结果精确等于 0.3：

```python
from decimal import Decimal

# 先将浮点数转换为字符串,然后用 Decimal 对象来表示这些数值
a = Decimal(str(0.1))
b = Decimal(str(0.2))
# 使用 Decimal 对象进行加法运算
c = a + b
# 输出结果
print(c)   # 输出:0.3
```

在这个例子中,我们通过先将浮点数转换为字符串,再创建 Decimal 对象,从而避免了直接进行浮点数运算时可能产生的精度误差。这样,我们就可以得到精确的数学结果了。

4.10 参考代码

(1)寻找并打印"水仙花数"。"水仙花数"是一个特殊的 3 位十进制数,其特点是每位数字的立方之和恰好等于这个数自身。例如,153 就是一个水仙花数,因为 $1^3 + 5^3 + 3^3 = 153$。现在,我们将利用函数式编程和 Python 的内置函数来寻找这些特殊的数字。

以下代码是一个定义函数 sxh 的示例,该函数会遍历所有的 3 位数,并检查每个数是否为水仙花数：

```python
def find_narcissistic_numbers():
    # 遍历 100 到 999 之间的所有数字
    for number in range(100, 999):
        # 将数字转换为字符串,以便能够单独访问每一位数字
        digits = str(number)
        # 使用 map 函数和 lambda 表达式计算每一位数字的立方,然后求和
        cubes_sum = sum(map(lambda x: int(x) ** 3, digits))
        # 检查立方和是否等于原数字
        if cubes_sum == number:
            # 如果是水仙花数,则打印出来
            print(number)

# 调用函数以查找并打印水仙花数
find_narcissistic_numbers()
```

(2)把列表中的所有数字都加 5,得到新列表,须使用函数实现,代码如下：

```
def add5(alist):
    return [i + 5 for i in alist]
bb= add5([1,3,45,3,56,34])
bb
```

(3)计算两点间的曼哈顿距离,代码如下:

```
def manhattanDistance(x, y):
    return sum(map(lambda i, j: abs(i- j), x, y))
print(manhattanDistance([1,2], [4,7]))
print(manhattanDistance([1,2,3], [4,7,8]))
print(manhattanDistance([1,2,3,4], [4,7,8,10]))
```

(4)判断密码强度,数字、小写字母、大写字母和指定的标点符号分别对应 weak、below middle、above middle、strong,代码如下:

```
def check(pwd):
    # 密码强度等级与包含字符种类的对应关系
    d = {1:'weak', 2:'below middle', 3:'above middle', 4:'strong'}
    # 分别用来标记 pwd 是否含有数字、小写字母、大写字母和指定的标点符号
    r = [False] * 4
    for ch in pwd:
        if not r[0] and ch in string.digits:
            r[0] = True
        elif not r[1] and ch in string.ascii_lowercase:
            r[1] = True
        elif not r[2] and ch in string.ascii_uppercase:
            r[2] = True
        elif not r[3] and ch in ',.!;? < > ':
            r[3] = True
    # 统计包含的字符种类,返回密码强度
    return d.get(r.count(True), 'error')
aa= check("Masdf323!")
aa
```

(5)编写函数求任意一个数的立方根,代码如下:

```
def cbrt(x):
    if x == 0.0:
        return 0.0
    x1 = x
```

```
while True:
    x2 = (2.0 * x1 + x / x1 / x1) / 3
    if abs((x2 - x1) / x1 ) < 0.001:
        return x2
    x1 = x2
aa= cbrt(int(input("请输入一个数")))
aa
```

（6）趣味小实验——图片转字符画。待转换的小猪佩奇图片如图 4.3 所示。

图 4.3 待转换的小猪佩奇图片

转换后的字符画（需要用记事本打开后并缩小查看）如图 4.4 所示。

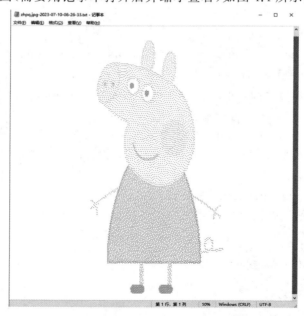

图 4.4 转换后的小猪佩奇字符画

相关代码如下：

```python
from PIL import Image  # 导入 Image 库与操作图片文件
import datetime

def image_to_txt(imgName):
    # 获取当前时间,转换成字符串
    timenow = datetime.datetime.now()
    timestr = timenow.strftime("%Y-%m-%d-%H-%M-%S")
    # 生成的 txt 文件用<原图片文件名+当前时间字符串+".txt"后缀>作为文件名
    namestr = "{0}-{1}.txt".format(imgName, timestr)
    
    # 打开或创建一个 txt 文件
    txt = open(namestr, "w+")
    
    # 打开图片文件
    print("请输入要转换的图片的完整文件名(*.*)[{0}]".format(imgName))
    try:
        img = Image.open(imgName)
    except:
        print(" [{0}]文件打开错误!".format(imgName))
    
    # 判断图片文件的格式,这里必须为"RGB"格式,如果不是"RGB"格式,则用 convert 函数转换成"RGB"格式
    if "RGB" == img.mode:
        print("该图片的分辨率为{0},格式({1}),色彩({2})".format(img.size, img.format, img.mode))
    else:
        print("非 RGB 图像文件!")
        img = img.convert("RGB")
        print("转换成功!")
    
    # 获取图片文件宽和高
    width = img.size[0]
    height = img.size[1]
    zoom = 4
    # 如果图片文件大于 400*400 像素,则对图片进行缩放,缩放比例依照宽度和高度中的最大值
    if width >= height:
```

```python
        maxsize = width
    else:
        maxsize = height
    if maxsize >= 400:
        zoom = maxsize / 400
        width = int(width / zoom)
        height = int(height / zoom)
        img = img.resize((width, height))
        print("图像分辨率太高,正在调整分辨率至", img.size)

# 把图片文件转换成纯黑白的图片
img = img.convert("1")
index = 0

print("开始转换……")
for h in range(height):# 遍历图片的宽度,[0, width)
    # 显示处理进度
    index += 1
    print(".", end="")
    txt.write(" ")
    if index >= 60:# 大于60换行
        index = 0
        print("")

    for w in range(width):# 遍历图片的高度[0, height)
        pixel = img.getpixel((w, h))# 获取图片当前坐标点的像素值
        # print("w= ", w, "h= ", h, "pixel= ", pixel)
        if pixel != 0:# 因为是纯黑白图像,所以像素颜色只有0或255两种值
            txt.write("  ")# 非0则往txt中写入"_"表示白色
            # print("w= ", w, "h= ", h, "pixel= ", pixel)
        else:
            txt.write("@ ")# 0则往txt中写入"@ "表示黑色
            # print("w= ", w, "h= ", h, "pixel= ", pixel)
    txt.write(" ")
    txt.write("\n")

# 保存新生成的txt文件
print("\n完成!")
```

```
        print("生成的 txt 文件为：[{0}]".format(namestr))
        txt.close()
        print("保存完毕!")

name =  input("请输入要转换图片的文件名:")
print("开始转换……")
try:
    image_to_txt(name)
except:
    print("错误!")
# print("转换完成!")
```

实验 5　文件的操作和使用

5.1　实验项目

文件的操作和使用。

5.2　实验类型

设计型实验。

5.3　实验目的

(1) 掌握文件的定义、操作和使用。
(2) 能够正确使用文件来获取和存储数据。

5.4　知识点

(1) 文件的定义、操作和使用。
(2) 使用文件获取和存储数据。

5.5　实验原理

(1) 使用 Jupyter Notebook 来编写类的 Python 程序。
(2) 执行类的 Python 程序。
(3) 根据提示信息判断程序中类的使用错误。
(4) 修改程序。
(5) 得出正确的结果。

5.6　实验器材

计算机、Windows 10 操作系统、Anaconda、Jupyter Notebook。

5.7　实验内容

(1) 递归遍历指定文件夹下的子文件夹和文件。
(2) 编写程序,递归删除指定文件夹中指定类型的文件。
(3) 编写程序,进行文件夹增量备份。

5.8 实验报告要求

实验报告的主要内容：完成要求的程序编写，提交源代码和运行结果。

5.9 相关知识链接

5.9.1 递归函数

简单地说，递归函数就是自己调用自己的函数，比如计算1~5的和，代码如下：

```
def sum(n):
    if(n= = 0):
        return 0
    else:
        return n+ sum(n- 1)
aa= sum(5)
print(aa)
```

当然不用递归也可以，代码如下：

```
sum= 0
for i in range(6):
    sum+ = i
print(sum)
```

递归遍历指定文件夹下的子文件夹和文件，代码如下：

```
from os import listdir
from os.path import join, isfile, isdir
def listDir(directory):
# 遍历文件夹，如果是文件就直接输出，如果是文件夹，就输出显示，然后递归遍历该文件夹
    for subPath in listdir(directory):
        path = join(directory, subPath)
        print(path)
        if isdir(path):
            print('是目录',path)
            listDir(path)
        elif isfile(path):
            print('是文件',path)

path = r'C:\Users\GLXY\Desktop\files'# 在这里定义要遍历的文件夹的路径，这个路径必须是真实存在的
f= listDir(path)
```

用 os 模块的 walk 方法,代码如下:

```python
from os import listdir,walk
from os.path import join,isfile,isdir
path= r'C:\Users\Administrator\Desktop\files'
for root,dirs,files in walk(path):
    for name in dirs:
        print(join(root,name))
    for name in files:
        print(join(root,name))
```

5.9.2 Python 使用 os.listdir 和 os.walk 获得文件的路径

5.9.2.1 使用 os.listdir 获得文件的路径

在一个目录下面只有文件,没有文件夹,这个时候可以使用 os.listdir。例如,在我们的桌面上有一个 file 目录(文件夹),里面有以下三个文件:

file(dir)|
--|test1.txt
--|test2.txt
--|test3.txt

用下面的代码获得文件的绝对路径:

```python
import os
path =  r'C:\Users\Administrator\Desktop\file'
for filename in os.listdir(path):
    print(os.path.join(path,filename))
```

使用 os.listdir 读取到一个目录下面所有的文件名,然后使用 os.path.join 把目录的路径和文件名结合起来,就得到了文件的绝对路径,结果如下:

C:\Users\Administrator\Desktop\file\test1.txt

C:\Users\Administrator\Desktop\file\test2.txt

C:\Users\Administrator\Desktop\file\test3.txt

5.9.2.2 使用 os.walk 获得文件的路径

对于递归的情况,若一个文件夹下面既有目录也有文件,则使用 os.walk。

(1)os.walk 介绍。我们先在桌面上建立一个 file 目录,里面的组织结构如下:

file(dir):

--|file1(dir):

--|file1_test1.txt

--|file1_test2.txt

--|file2(dir)

--|file2_test1.txt

--|file_test1.txt

--|file_test2.txt

运行以下代码：

```
import os
path = r'C:\Users\Administrator\Desktop\file'
for dirpath,dirnames,filenames in os.walk(path):
    print(dirpath,dirnames,filenames)
```

输出结果如下：

C:\Users\Administrator\Desktop\file ['file1','file2'] ['file_test1.txt','file_test2.txt']

C:\Users\Administrator\Desktop\file\file1 [] ['file1_test1.txt','file1_test2.txt']

C:\Users\Administrator\Desktop\file\file2 [] ['file2_test1.txt']

os.walk 函数是 Python 中用于遍历目录树的强大工具。当你向它提供一个路径名时，它会以生成器的方式逐个返回包含三个元素的元组：dirpath、dirnames 和 filenames。

dirpath 是一个字符串，表示当前正在遍历的目录的路径，例如 "C:\Users\Administrator\Desktop\file" 或 "C:\Users\Administrator\Desktop\file\file1"。

dirnames 是一个列表，包含了 dirpath 路径下所有子目录的名称。举例来说，如果在 "C:\Users\Administrator\Desktop\file" 路径下有两个子目录 "file1" 和 "file2"，那么 dirnames 就会列出这两个子目录的名称。

filenames 同样是一个列表，它列出了 dirpath 路径下的所有文件名称。比如在 "C:\Users\Administrator\Desktop\file" 路径下如果存在两个文件 "file_test1.txt" 和 "file_test2.txt"，那么 filenames 就会包含这两个文件名。

简而言之，os.walk 允许递归地遍历一个目录及其所有子目录，并为每个遍历到的目录提供其路径、子目录列表以及文件列表。

(2)获得一个路径下面所有的文件路径，代码如下：

```
import os
path = r'C:\Users\Administrator\Desktop\file'
for dirpath,dirnames,filenames in os.walk(path):
    for filename in filenames:
        print(os.path.join(dirpath,filename))
```

得到的结果如下：

C:\Users\Administrator\Desktop\file\file_test1.txt

C:\Users\Administrator\Desktop\file\file_test2 .txt

C:\Users\Administrator\Desktop\file\file1\file1_test1.txt
C:\Users\Administrator\Desktop\file\file1\file1_test2.txt
C:\Users\Administrator\Desktop\file\file2\file2_test1.txt

5.9.3 用 Python 实现目录遍历及文件搜索

简而言之，目录遍历就是对目录中的所有文件进行逐一查看。当程序需要获取某个目录下所有文件的名称时，就必须逐个访问这些文件并记录下它们的名字，最终将这些名字展示在显示器上。

为了实现这一功能，Python 的 os 模块提供了便捷的方法。os 模块包含下面两个主要函数，可以帮助我们列出目录中的所有文件。

第一个是 os.listdir(path)，这个函数会返回一个列表，其中包含指定路径(path)下的所有文件和子目录的名称。它不会递归地列出子目录中的文件，仅提供当前目录下的直接文件和子目录名。

第二个是 os.walk(path)，这是一个更为强大的函数，它生成一个目录树下的所有目录路径、子目录名以及文件名的三元组。这个函数会递归地遍历指定路径下的所有子目录，并为每个遍历到的目录返回一个三元组(dirpath、dirnames、filenames)，分别代表当前目录的路径、当前目录下的子目录列表和当前目录下的文件列表。

使用这两个函数，我们可以轻松地遍历目录并获取其中的文件信息。例如，通过 os.listdir 函数，我们可以快速得到一个目录中所有文件和子目录的列表；而通过 os.walk 函数，我们可以更深入地探索目录结构，包括所有的子目录和其中的文件(见表 5.1)。

表 5.1 os 模块的使用方法

序号	方法名称	方法描述
1	listdir(path)	列出指定目录(包括子目录)中所有的文件。目录由 path 指定，访问文件顺序为字母顺序。该方法返回列表数据
2	walk(top,topdown=True, onerror=None, followlinks=False)	该方法返回一个三元组，分别是 dirpath(遍历的目录路径)、dirnames(目录下的所有文件夹)、filenames(目录下的所有文件)。该方法要求传入四个参数，其中有三个参数是默认值 top 参数指定要遍历的目录路径： topdown 可选，topdown 为 True 时，优先遍历 top 目录下的所有文件，否则优先遍历 top 目录的子目录；onerror 可选，当 walk 遍历文件发生异常时会调用一个 callable 函数；followlinks 可选，一般使用默认值即可

5.9.3.1 例 1：使用 listdir 遍历目录文件

使用 os 模块的 listdir 方法遍历 D 盘盘符下的 pub 目录，listdir 返回一个列表，列表包含 pub 目录下所有文件名称，然后使用 for 循环输出列表，代码如下：

```
# 遍历目录样例文件
# 导入 os 模块
import os
# 待遍历的目录路径
path = "d:/pub"
# 调用 listdir 方法遍历 path 目录
dirs = os.listdir(path)
# 输出所有文件和文件夹
for file in dirs:
    print(file)
```

输出结果如图 5.1 所示。

新建文本文档 - 副本 (2).txt
新建文本文档 - 副本 (3).txt
新建文本文档 - 副本.txt
新建文本文档.txt
行政区划查询表.xls

图 5.1　listdir 遍历目录文件输出结果

从输出结果可以看出，listdir 方法仅返回了文件名称，如果我们需要输出文件的整个路径，该如何处理呢？只需要使用 os 模块下的 join 方法连接遍历的目录路径和文件名称就可以了。修改代码如下：

```
# 遍历目录样例文件
# 导入 os 模块
import os
# 待遍历的目录路径
path = "d:/pub/"
# 调用 listdir 方法遍历 path 目录
dirs = os.listdir(path)
# 输出所有文件和文件夹
for file in dirs:
    print(os.path.join(path,file))
```

执行上面的代码，输出结果如图 5.2 所示。

d:/pub/新建文本文档 - 副本 (2).txt
d:/pub/新建文本文档 - 副本 (3).txt
d:/pub/新建文本文档 - 副本.txt
d:/pub/新建文本文档.txt
d:/pub/行政区划查询表.xls

图 5.2　listdir 遍历目录文件带路径的输出结果

从图 5.2 所示的输出结果可以看出,pub 目录下的所有文件以完整路径输出。但有一个问题,就是在 pub 目录下有 doc 子目录,该子目录下的文件并没有列出,下面我们将讨论当目录包含子目录时该如何处理。

在例 1 中,要遍历的 pub 目录下面有 doc 子目录,例 1 的程序并没有列出 doc 子目录下的文件,我们现在希望也能遍历 doc 子目录下的文件。这时我们就要使用 walk 方法了,walk 方法可以递归遍历目录下面的所有文件和子目录。

5.9.3.2 例 2:使用 walk 递归遍历目录文件

使用 walk 方法递归遍历目录文件,walk 方法会返回一个三元组,分别是 root、dirs 和 files。其中 root 是当前正在遍历的目录路径;dirs 是一个列表,包含当前正在遍历的目录下所有的子目录名称,不包含该目录下的文件;files 也是一个列表,包含当前正在遍历的目录下所有的文件,但不包含子目录。代码如下:

```
# 递归遍历目录样例文件
# 导入 os 模块
import os
# 待遍历的目录路径 path = "d:/pub/"
# 调用 walk 方法递归遍历 path 目录
for root,dirs,files in os.walk(path):
    for name in files:
        print(os.path.join(root, name))
    for name in dirs:
        print(os.path.join(root, name))
```

输出结果如图 5.3 所示。

```
d:/pub/新建文本文档 - 副本 (2).txt
d:/pub/新建文本文档 - 副本 (3).txt
d:/pub/新建文本文档 - 副本.txt
d:/pub/新建文本文档.txt
d:/pub/行政区划查询表.xls
```

图 5.3 walk 递归遍历目录文件的输出结果

之前我们探讨了如何在特定目录及其子目录中遍历所有文件,现在我们来探讨如何在这些目录中进行文件搜索。

一种有效的策略是利用 walk 函数来递归地搜索目标目录。在 walk 的递归遍历过程中,我们可以检查每个目录下由 walk 返回的文件列表(files)。遍历这个列表,并对比其中的文件名与我们想要搜索的文件名是否匹配,一旦发现匹配,就输出或返回该文件的信息。这种方法允许我们在整个目录结构中定位到特定的文件。

5.9.3.3 例3：在指定的目录中搜索文件

使用 walk 方法递归遍历 pub 目录，主要是考虑到 pub 目录下有子目录，也需要在子目录中搜索文件，代码如下：

```python
# 在指定目录中搜索文件
# 导入 os 模块
import os
# 待搜索的目录路径
path = "d:/pub/"
# 待搜索的文件名
filename = "行政区划查询表.xls"
# 调用 walk 方法递归遍历 path 目录
for root,dirs,files in os.walk(path):
    for name in files:
        if( filename = =  name ):
            print(os.path.join(root,name))
```

输出结果如图 5.4 所示。

d:/pub/行政区划查询表.xls

图 5.4　walk 递归遍历 pub 目录的输出结果

5.9.4　Python os.listdir 函数

在日常生活中，我们时常会面临这样的场景：想要了解某个文件夹中到底存储了哪些文件，或者需要寻找一个特定的文件，但只知道文件名却不清楚其确切的存储位置。在这种情况下，我们往往需要在可能存放该文件的目录中进行详尽的搜索。对于许多人来说，最直观的方式就是直接打开文件夹进行查找。确实，当文件夹中的文件数量不多时，这种方法是行之有效的，我们可以轻松地浏览并找到所需的文件。

然而，当面对包含成千上万个文件的庞大文件夹时，这种方法就显得力不从心。逐一检查每个文件不仅耗时费力，而且效率低下，甚至可能需要花费数天的时间来确认一个特定文件是否存在。此外，即使我们借助文件资源管理器进行搜索，也会因为需要全盘扫描而耗费大量时间，等待结果的过程令人倍感煎熬。

那么，有没有一种更高效的方法呢？答案是肯定的。想象一下，如果我们能够直接获取目标文件夹中所有文件的名称列表，那么搜索工作将变得轻而易举。我们只需在列表中查找特定的文件名，即可迅速确定文件是否存在，而不需要逐一打开文件夹进行确认。

Python 的 os 模块就为我们提供了这样的功能：listdir 函数能够返回一个包含指定文件夹中所有文件和子文件夹名称的列表。通过这个函数，我们可以轻松地获取目标文件夹的文件信息，从而大大提高搜索效率。

无论是需要获取当前工作目录中的文件信息,还是想要探索其他文件夹的内容,listdir 函数都能为我们提供极大的便利。它的语法 os.listdir(pathSpecified) 简洁明了,只需传入目标文件夹的路径,即可获取其中的文件名称列表。

总的来说,Python 的 os.listdir 函数是一个强大且实用的工具,能够帮助我们高效地管理和搜索文件夹中的文件。无论是在日常工作中还是在编程项目中,它都能为我们提供极大的帮助。

5.9.4.1 参数说明

在之前提到的 listdir 函数语法中,我们可以观察到一个关键参数。下面,我们来更详细地探讨这个参数。

listdir 函数接收一个参数,即路径参数 pathSpecified,这个参数代表我们希望获取文件名列表的目标目录的路径。这是一个可选参数,意味着如果在调用 listdir 函数时没有提供这个参数,函数会默认返回当前工作目录中的所有文件名。

5.9.4.2 返回类型说明

listdir 函数的返回类型是"列表(list)",这是因为它会返回一个包含指定目录中所有文件名称的列表。

5.9.4.3 方法实现详解

为深入理解 listdir 函数的工作原理和实现方式,我们将通过实例程序来演示其具体应用,并从中打印出文件名列表。我们将这个实现过程分为两部分:一部分是从当前工作目录打印文件名,另一部分是从指定路径打印文件名。针对这两种情况,我们将分别提供示例程序,并展示如何获取文件名。

(1)方法一:从当前工作目录打印文件名。在此方法中,我们将结合使用 os 模块的另一个函数 getcwd() 来打印当前工作目录中的文件名列表。请查看以下示例程序,以理解此方法的具体实现。

首先观察下面的 Python 代码,其中使用了带有路径参数的 os.listdir()方法:

```python
# 导入 os 模块
import os
# 使用 getcwd 函数获取当前工作目录
pathSpecified = os.getcwd()
# 使用 listdir 函数获取文件名列表
listOfFileNames = os.listdir(pathSpecified)
# 打印当前工作目录中所有文件的名称
print("以下是当前工作目录中所有文件的名称列表:")
print(listOfFileNames)
```

输出结果如图 5.5 所示。

```
# Import os module
import os
# Use getcwd() function
pathSpecified = os.getcwd()
# Using listdir() function
listOfFileNames = os.listdir(pathSpecified)
# Print the name of all files in the current working directory
print("Following is the list of names of all the files present in the current working directory: ")
print(listOfFileNames)
```

```
Following is the list of names of all the files present in the current working directory:
['.ipynb_checkpoints', 'Untitled.ipynb']
```

图 5.5　带有路径参数的 os.listdir() 方法的输出结果

执行上述程序后，可在输出结果中看到当前工作目录中所有文件的名称。在导入 os 模块后，程序首先使用 getcwd 函数获取当前工作目录的路径，并存储在 pathSpecified 变量中。然后，使用 listdir 函数获取该路径下的所有文件名，并将它们存储在 listOfFileNames 变量中。最后，通过 print 语句打印出文件名列表。

如果不想在程序中使用其他函数，也可以直接从程序所在的当前目录获取所有文件名。上述操作只需调用 listdir 函数，不需要提供任何目录路径作为参数。程序运行时，将输出当前目录中所有文件的名称列表。以下面的程序为例：

```
# 导入 os 模块
import os
# 使用 listdir 函数,不传递任何参数
listOfFileNames = os.listdir()
# 打印当前工作目录中所有文件的名称
print("以下是当前工作目录中所有文件的名称列表:")
print(listOfFileNames)
```

输出结果如图 5.6 所示。

```
# Import os module
import os
# Using listdir() function
listOfFileNames = os.listdir()
# Print the name of all files in the current working directory
print("Following is the list of names of all the files present in the current working directory: ")
print(listOfFileNames)
```

```
Following is the list of names of all the files present in the current working directory:
['.ipynb_checkpoints', 'Untitled.ipynb']
```

图 5.6　不带路径参数的 os.listdir() 方法的输出结果

执行此程序后，输出结果将显示 Python 安装目录中所有文件的名称列表（前提是这是当前的工作目录）。在这个例子中，我们省略了 path 参数，但仍然能够获得当前工作目录中所有文件的名称列表。如果想获取当前工作目录中所有文件的名称列表，这种方法

更为简便,因为它不需要任何额外的参数或路径变量定义,可节省代码行数和编写时间。

(2)方法二:从指定路径打印文件名。在这个方法中,我们可以通过在 listdir 函数中提供特定目录的路径来获取该目录下所有文件的名称列表。可以从文件的"属性"选项中获取目录的路径,并在程序中使用它。请看以下示例程序:

```
# 导入 os 模块
import os
# 定义指定路径
pathSpecified = "d:\\pub"
# 使用 listdir 函数获取指定路径下的文件名列表
listOfFileNames = os.listdir(pathSpecified)
# 打印指定目录中所有文件的名称
print("以下是指定目录中所有文件的名称列表:")
print(listOfFileNames)
```

输出结果如图 5.7 所示。

```
# Import os module
import os
# Define the specified path
pathSpecified = "d:\\pub"
# Using listdir() function
listOfFileNames = os.listdir(pathSpecified)
# Print the name of all files in directory
print("Following is the list of names of all the files present in the specified directory: ")
print(listOfFileNames)
```

Following is the list of names of all the files present in the specified directory:
['新建文本文档 - 副本 (2).txt', '新建文本文档 - 副本 (3).txt', '新建文本文档 - 副本.txt', '新建文本文档.txt', '行政区划查询表.xls']

图 5.7 带有路径参数的 os.listdir()方法的输出结果

运行上述程序后,输出结果将显示指定目录中所有文件的名称。在导入 os 模块后,程序将首先定义要列出文件的目录路径,并将其存储在 pathSpecified 变量中。然后,使用 listdir 函数和该路径作为参数来获取文件名列表。最后,通过 print 语句打印出结果。

5.9.5 os.walk 函数

os.walk 是一个用于遍历目录树的函数,它采用深度优先的搜索策略来探访指定的目录。该函数每次迭代都会产出一个三元组(root, dirs, files),其中 root 是一个字符串,表示当前正在被遍历的目录的路径;dirs 是一个列表,包含了 root 路径下的所有直接子目录的名称,列表中的每个元素都是以字符串形式表示的子目录名;files 同样是一个列表,它包含了 root 路径下的所有直接子文件的名称,列表中的每个文件名也都是以字符串形式表示的。

通过这种方式,os.walk 允许我们方便地遍历整个目录结构,无论是访问子目录还是文件,都变得简单且有条理。假如当前的目录如图 5.8 所示。

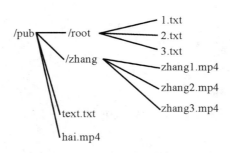

图 5.8　os.walk()方法遍历的目录结构

可以先输出一下其是怎么遍历的,相关代码如下:

```
import os
from os.path import join
home_path = "D:\\pub"
for (root, dirs, files) in os.walk(home_path):
    print(root)
    print(dirs)
    print(files)
    print("= " * 50)
```

输出结果如图 5.9 所示。

```
D:\pub
['root', 'zhang']
['hai.mp4', 'test.txt']
==================================================
D:\pub\root
[]
['1.txt', '2.txt', '3.txt']
==================================================
D:\pub\zhang
[]
['zhang1.mp4', 'zhang2.mp4', 'zhang3.mp4']
==================================================
```

图 5.9　遍历 D 盘 pub 目录的输出结果

图 5.9 中,每个目录的输出是三行,第 1 行代表当前遍历的目录,我们称为 root;第 2 行代表当前遍历目录下的子目录列表,我们称为 dirs;第 3 行代表当前遍历目录下的文件列表,我们称为 files。

上面的列表为空就代表当前遍历的目录下没有子目录或者没有子文件。另外,如果想遍历 pub 目录下所有的目录和文件的绝对路径,则直接用 os.path.join 函数对子目录或子文件名和 root 目录进行拼接即可,代码如下:

```
import os
from os.path import join

home_path = "D:\\pub"
for (root, dirs, files) in os.walk(home_path):
    for dir in dirs:
        print(join(root, dir))
    for file in files:
        print(join(root, file))
```

输出结果如图 5.10 所示。

```
D:\pub\root
D:\pub\zhang
D:\pub\hai.mp4
D:\pub\test.txt
D:\pub\root\1.txt
D:\pub\root\2.txt
D:\pub\root\3.txt
D:\pub\zhang\zhang1.mp4
D:\pub\zhang\zhang2.mp4
D:\pub\zhang\zhang3.mp4
```

图 5.10 带绝对路径的遍历 D 盘 pub 目录的输出结果

5.9.6 os 类的函数

5.9.6.1 os 类的相关函数

os.getenv 函数和 os.putenv 函数分别用来读取和设置环境变量。os.system 函数用来运行 shell 命令。os.linesep 字符串给出当前平台使用的行终止符,如 Windows 使用'\r\n',Linux 使用'\n',而 Mac 使用'\r'。

5.9.6.2 与路径相关的 os 类函数

os.listdir(dirname)的功能是罗列出指定目录 dirname 下的所有文件和子目录。通过这个函数,我们可以方便地获取目录中的内容,无论是文件还是子目录,都会被一一列出。

os.getcwd()是一个获取当前工作目录的函数。它返回的是当前 Python 脚本正在运行的目录路径。这个函数在我们需要知道当前脚本的工作位置时非常有用,可以帮助我们构建相对路径或进行其他与目录相关的操作。

os.curdir 是一个常量,它返回当前目录的表示,即一个点("."")。这个常量在处理文件和目录路径时可以作为一个便捷的引用。

os.chdir(dirname)是一个用于改变当前工作目录的函数。通过传入一个目录名

dirname，我们可以将当前工作目录切换到该目录下。这在需要操作不同目录中的文件时非常有用。

os.path.isdir(name) 是一个判断函数，用于检查传入的 name 是否为一个目录，如果 name 是一个目录则返回 True，否则返回 False。这个函数可以帮助我们确认一个路径是否指向一个目录。

os.path.isfile(name) 是一个与 os.path.isdir(name) 类似的判断函数，用于检查传入的 name 是否为一个文件，如果 name 存在且是一个文件则返回 True，否则返回 False。这个函数在处理文件时非常有用，可以确保我们不会对目录或其他非文件类型的路径进行操作。

os.path.exists(name) 函数用于检查传入的 name 是否存在，无论它是一个文件还是一个目录，如果 name 存在则返回 True，否则返回 False。这个函数在检查路径是否有效时非常有用。

os.path.getsize(name) 函数用于获取文件的大小。如果传入的 name 是一个文件，则返回该文件的大小（以字节为单位）；如果 name 是一个目录，则返回 0。这个函数可以帮助我们了解文件的大小，以便进行进一步的处理。

os.path.abspath(name) 函数返回传入路径 name 的绝对路径。无论我们当前的工作目录是什么，这个函数都会返回一个完整的、从根目录开始的路径。

os.path.normpath(path) 函数用于规范化传入的路径字符串 path。它会处理路径中的冗余部分，如连续的路径分隔符、当前目录和父目录引用等，从而返回一个简洁、标准的路径字符串。

os.path.split(name) 函数用于分割文件名与目录。它接受一个路径名 name，并返回一个包含两个元素的元组：第一个元素是目录部分，第二个元素是文件名部分。需要注意的是，如果 name 完全是一个目录路径，那么它会将最后一个目录作为文件名返回。此外，这个函数不会检查文件或目录是否存在。例如，os.path.split('/home/swaroop/byte/code/poem.txt') 会返回 ('/home/swaroop/byte/code', 'poem.txt')。

os.path.splitext() 函数用于分离文件名与扩展名。它可以帮助我们提取文件的扩展名，以便进行文件类型的判断或处理。

os.rename(name1, name2) 函数用于重命名文件或目录。通过将旧名称 name1 和新名称 name2 传递给这个函数，我们可以轻松地修改文件或目录的名称。例如，我们可以使用这个函数来修改文件的扩展名，从而实现文件类型的转换。例如，os.rename(os.path.join(root, name), pathname[0]+".cpp") 这行代码的作用是将位于 root 目录下的名为 name 的文件重命名为 pathname[0]+".cpp"，其中 pathname[0] 是原文件名（不包含扩展名），而 ".cpp" 是新的扩展名。

os.path.join(path, name) 函数用于连接目录与文件名或目录名，从而生成一个完整的路径字符串。这个函数在处理文件和目录路径时非常有用，可以帮助我们构建复杂的路径字符串，而不必手动拼接字符串。

os.path.basename(path) 函数返回传入路径 path 的文件名部分，而 os.path.dirname （path）函数则返回路径的目录部分。这两个函数在处理文件和目录时非常有用，可以帮助我们提取出路径中的关键信息。

os.walk()函数是一个强大的目录遍历工具，它以一种深度优先的策略访问指定的目录树，并返回一个三元组形式的对象。这个三元组包含当前遍历的目录路径（root）、该目录下的所有子目录列表（dirs）以及该目录下的所有文件列表（files）。通过遍历这个对象，我们可以轻松地访问目录树中的每一个文件和子目录。

在处理字符串类型的数据时，我们可以使用"=="和"!="等运算符来进行比较操作。这些运算符可以帮助我们判断两个字符串是相等还是不相等，从而执行相应的处理逻辑。

5.9.7 os.path.splitext()的用法

这个函数的核心作用是将文件路径与其扩展名进行分离。具体来说，当为其提供一个完整的文件路径，如'data/p1ch4/image-cats/add.png'时，它会将这个路径拆分为两个独立的部分，并以元组的形式返回。在这个例子中，返回的元组会是'data/p1ch4/image-cats/add'和'.png'。

在实际应用中，我们常常借助这个函数来确定文件的类型，从而判断该文件是否满足我们的需求。一个典型的应用场景是，我们可以使用条件判断语句，如 if os.path.splitext('data/p1ch4/image-cats/add.png')[-1] == '.png'，来检查文件的扩展名是否为".png"，以此确定文件是否为png格式的图片，进而确定其是否为我们需要的文件类型。

此外，这个函数经常与os.listdir函数结合使用，以便更加高效地处理目录中的文件。os.listdir函数的功能是读取指定路径下的所有文件和目录，并将它们以列表的形式返回。例如，假设有一个路径 data_dir = '…/data/p1ch4/image-cats/'，当我们调用os.listdir(data_dir)时，该函数会返回一个包含该路径下所有文件和目录名称的列表，如['cat1.png', 'cat2.png', 'cat3.png']。这个列表中可能包含我们感兴趣的文件，也可能包含我们不关心的文件。为了筛选出我们需要的文件类型，我们可以先使用os.listdir函数获取目录下的所有文件，然后遍历这个列表，对每个文件路径应用os.path.splitext函数，通过检查返回的扩展名来判断该文件是否符合我们的要求。这种方法在处理包含多种类型文件的目录时尤为有用，它可以帮助我们快速定位并处理特定类型的文件。

5.9.8 文件目录对比模块filecmp的用法

5.9.8.1 filecmp模块介绍

在进行代码质量审查或验证数据备份的完整性时，确保原始目录与目标目录之间的文件一致性是至关重要的。为了满足这一需求，Python的标准库为我们提供了一个强大的工具——filecmp模块。该模块不仅功能全面，而且使用起来非常方便，能够帮助我们轻松完成文件及目录的差异对比任务。

filecmp模块提供了丰富的功能，支持文件级别的对比、目录级别的对比，以及能够遍历子目录进行深度对比。这意味着，无论是单独的文件还是整个目录结构，我们都可以利用 filecmp 来进行细致入微的差异检查。

更为强大的是，filecmp 模块在对比同名文件时，不仅会检查文件名是否相同，还会进一步对比文件的内容。这种内容级别的对比确保了即使文件名相同，但如果内容有所差异，也能被准确地识别出来。

此外，filecmp 还能生成详细的报告，指出目标目录相对于原始目录多出了哪些文件或子目录，或者哪些文件或子目录在两者之间存在差异，这对我们快速定位问题、了解备份或迁移过程中的数据变化非常有帮助。

值得一提的是，从 Python 2.3 版本开始，filecmp 模块就已经被纳入 Python 的标准库中，成为 Python 开发环境的一部分。因此，我们不需要额外安装任何软件包或库，就可以直接在代码中导入并使用它。这无疑为我们检查文件一致性提供了极大的便利。

5.9.8.2 模块常用方法说明

在 Python 中，filecmp 模块提供了强大的文件和目录对比功能，它包含了三个主要的操作方法：cmp 用于单文件对比，cmpfiles 用于多文件对比，dircmp 用于目录对比。

（1）单文件对比。当我们需要对两个单独的文件进行对比时，可以使用 filecmp.cmp 方法。这个方法以两个文件名 f1 和 f2 作为参数，并有一个可选的 shallow 参数。如果 shallow 被设为 True（默认值），那么对比将仅基于文件的基本信息（如最后访问时间、修改时间等），而不会深入对比文件内容；若 shallow 为 False，则会同时对比文件内容和基本信息。例如，对比两个配置文件是否有差异可以使用此方法。下面是比较单文件差异的代码示例：

```
>>> import filecmp
>>> from filecmp import cmp
>>> cmp('/root/nginx.conf.v1','/root/nginx.conf.v2')
```

shallow 为 False。

```
>>> cmp('/root/nginx.conf.v1','/root/nginx.conf.v1')
```

shallow 为 True。

```
>>> cmp('/root/passwd','/etc/passwd')
```

shallow 为 False。

（2）多文件对比。对于需要对比多个文件的情况，filecmp.cmpfiles 方法非常有用。它接受两个目录名 dir1 和 dir2，以及一个文件名列表 common。该方法会返回一个包含三个列表的元组：匹配的文件名列表、不匹配的文件名列表以及出于各种原因（如文件不存在、无读取权限等）无法对比的文件名列表。这在对比两个目录下特定文件的差异时非常有用。

示例：dir1 与 dir2 目录中指定文件清单对比。

两目录下文件的 md5 信息如下（其中 f1、f2 文件匹配；f3 不匹配；f4、f5 对应目录中不存在，无法比较）：

创建测试文件并对比 dir1 和 dir2 目录下文件的 md5：

[root@prometheus01 ~/dir1]# md5sum *
2b1abc6b6c5c0018851f9f8e6475563b f1
575c5638d60271457e54ab7d07309502 f2
3385b5d27d4c2923e9cde7ea53f28e2b f3
5f3022d3a5cbcbf30a75c33ea39b2622 f4

[root@prometheus01 ~/dir2]# md5sum *
2b1abc6b6c5c0018851f9f8e6475563b f1
575c5638d60271457e54ab7d07309502 f2
287df2010a083579b709b63445a32cc3 f3
4c89aa650e394e642f6a84df6cdb08a4 f5

使用 cmpfiles 对比的结果如下，符合我们的预期（f1、f2 文件匹配；f3 不匹配；f4、f5 对应目录中不存在，无法比较）：

```
>>> from filecmp import cmpfiles
>>> cmpfiles("/root/dir1","/root/dir2",['f1','f2','f3','f4','f5'])
```

输出结果为：
(['f1', 'f2'], ['f3'], ['f4', 'f5'])

（3）目录对比。若要对整个目录结构进行对比，可以使用 dircmp 类。通过传入两个目录名 a 和 b 来创建一个 dircmp 对象，这个类提供了丰富的方法和属性来获取目录对比的详细信息。例如，可以使用 left 和 right 属性来获取左右目录的路径，使用 common、left_only 和 right_only 来获取两个目录中共同存在、仅在左目录存在或仅在右目录存在的文件和子目录列表。此外，dircmp 还提供了 report、report_partial_closure 和 report_full_closure 方法来生成不同详细程度的对比报告。这些方法可以帮助我们全面了解两个目录之间的差异，包括文件内容、文件列表以及子目录结构等方面的对比结果。

为输出更加详细的比较结果，dircmp 类还提供了以下属性：
①left：左目录，如类定义中的 a。
②right：右目录，如类定义中的 b。
③left_list：左目录中的文件及目录列表。
④right_list：右目录中的文件及目录列表。
⑤common：两边目录共同存在的文件或子目录。
⑥left_only：只在左目录中的文件或子目录。
⑦right_only：只在右目录中的文件或子目录。
⑧common_dirs：两边目录都存在的子目录。
⑨common_files：两边目录都存在的子文件。
⑩common_funny：两边目录都存在的子目录[不同目录类型或 os.stat()记录的错误]。

⑪same_files:匹配相同的文件。
⑫diff_files:不匹配的文件。
⑬funny_files:两边目录中都存在,但无法比较的文件。
⑭subdirs:将 common_dirs 目录名映射到新的 dircmp 对象中,格式为字典类型。

下面以对比 dir1 与 dir2 的目录差异为例,通过调用 dircmp 函数实现目录差异对比功能,同时输出目录,对比对象所有属性信息,代码如下:

```python
#！/usr/bin/python3
#_*_coding:utf-8_*_

import filecmp
# 定义左目录
a= "/root/dir1"
# 定义右目录
b= "/root/dir2"
# 目录比较
dir_obj= filecmp.dircmp(a,b,['test.py'])

# 输出对比结果数据报表,详细说明请参考 filecmp 类方法及属性信息
print('- - - - - - - - - - - - - - - - - - - - - - report 比较当前指定目录中的内容- - - - - - - - - - - - - - - - - - - - - -')
# 比较当前指定目录中的内容;
dir_obj.report()
print('- - - - - - - - - - - - - - - - - - - - - report_partial_closure 比较当前指定目录及第一级子目录中的内容- - - - - - - - - - - - - - - - - - - - -')
# 比较当前指定目录及第一级子目录中的内容
dir_obj.report_partial_closure()
print('- - - - - - - - - - - - - - - - - - - - - report_full_closure 递归比较所有指定目录的内容- - - - - - - - - - - - - - - - - - - -')
# 递归比较所有指定目录的内容
dir_obj.report_full_closure()
print('- - - - - - - - - - - - - - - - - - - - - - - - left_list 左目录中的文件及目录列表- - - - - - - - - - - - - - - - - - - - - -')
# 左目录中的文件及目录列表
print("left_list: "+ str(dir_obj.left_list))
print('- - - - - - - - - - - - - - - - - - - - - - - - right_list 右目录中的文件及目录列表- - - - - - - - - - - - - - - - - - - - - -')
```

```python
    # 右目录中的文件及目录列表
    print("right_list: "+ str(dir_obj.right_list))
    print('- - - - - - - - - - - - - - - - - - - - common 两边中的文件
及目录列表- - - - - - - - - - - - - - - - - - - - ')
    # common 两边目录
    print("common: "+ str(dir_obj.common))
    print('- - - - - - - - - - - - - - - - - - - - left_only 只在左目录
中的文件或目录- - - - - - - - - - - - - - - - - - - - ')
    # 只在左目录中的文件或目录
    print("left_only: "+ str(dir_obj.left_only))
    print('- - - - - - - - - - - - - - - - - - - - right_only 只在右目
录中的文件或目录- - - - - - - - - - - - - - - - - - - - ')
    # 只在右目录中的文件或目录
    print("right_only: "+ str(dir_obj.right_only))
    print('- - - - - - - - - - - - - - - - - - - - common_dirs 两边目录
都存在的目录- - - - - - - - - - - - - - - - - - - - ')
    # 两边目录都存在的子目录
    print("common_dirs: "+ str(dir_obj.common_dirs))
    print('- - - - - - - - - - - - - - - - - - - - common_files 两边目
录都存在的子文件- - - - - - - - - - - - - - - - - - - - ')
    # 两边目录都存在的子文件
    print("common_files:"+ str(dir_obj.common_files))
    print('- - - - - - - - - - - - - - - - - - - - common_funny 两边目
录都存在的子目录(不同目录类型或os.stat()记录的错误)- - - - - - - - - - - - -
- - - - - - - - - - - ')
    # 两边目录都存在的子目录(不同目录类型或os.stat()记录的错误)
    print("common_funny:"+ str(dir_obj.common_funny))
    print('- - - - - - - - - - - - - - - - - - - - same_files 匹配相同
的文件- - - - - - - - - - - - - - - - - - - - ')
    # 匹配相同的文件
    print("same_files:"+ str(dir_obj.same_files))
    print('- - - - - - - - - - - - - - - - - - - - diff_files 不匹配的
文件- - - - - - - - - - - - - - - - - - - - ')
    # 不匹配的文件
    print("diff_files:"+ str(dir_obj.diff_files))
    print('- - - - - - - - - - - - - - - - - - - - funny_files 两边目录
中都存在,但无法比较的文件- - - - - - - - - - - - - - - - - - - - ')
    # 两边目录中都存在,但无法比较的文件
    print("funny_files:"+ str(dir_obj.funny_files))
```

目录结构如下：
[root@prometheus01 ~]# tree dir1
dir1

3 directories，8 files
[root@prometheus01 ~]# tree dir2
dir2
├── a
│   ├── a1
│   └── b
│   ├── b1
│   ├── b2
│   └── b3
├── aa
│   └── aa1
├── f1
├── f2
├── f3
├── f5
└── test.py

4 directories，9 files

运行结果如下：
[root@prometheus01 ~]# python3 simple9.py
————————————————————report 比较当前指定目录中的内容————————————————————
diff /root/dir1 /root/dir2
Only in /root/dir1 : ['f4']
Only in /root/dir2 : ['aa', 'f5']
Identical files : ['f1', 'f2']
Differing files : ['f3']
Common subdirectories : ['a']
————————————————————report_partial_closure 比较当前指定目录及第一级子目录中的内容————————————————————
diff /root/dir1 /root/dir2
Only in /root/dir1 : ['f4']
Only in /root/dir2 : ['aa', 'f5']
Identical files : ['f1', 'f2']
Differing files : ['f3']

Python 编程与应用实验指导书

  Common subdirectories：['a']

  diff /root/dir1/a /root/dir2/a
  Common subdirectories：['a1'，'b']
——————————————————————report_full_closure 递归比较所有指定目录的内容——————————————
  diff /root/dir1 /root/dir2
  Only in /root/dir1：['f4']
  Only in /root/dir2：['aa'，'f5']
  Identical files：['f1'，'f2']
  Differing files：['f3']
  Common subdirectories：['a']
  diff /root/dir1/a /root/dir2/a
  Common subdirectories：['a1'，'b']
  diff /root/dir1/a/a1 /root/dir2/a/a1
  diff /root/dir1/a/b /root/dir2/a/b
  Identical files：['b1'，'b2'，'b3']
——————————————————————left_list 左目录中的文件及目录列表——————————————
  left_list：['a'，'f1'，'f2'，'f3'，'f4']
——————————————————————right_list 右目录中的文件及目录列表——————————————
  right_list：['a'，'aa'，'f1'，'f2'，'f3'，'f5']
——————————————————————common 两边中的文件及目录列表——————————————
  common：['a'，'f1'，'f2'，'f3']
——————————————————————left_only 只在左目录中的文件或目录——————————————
  left_only：['f4']
——————————————————————right_only 只在右目录中的文件或目录——————————————
  right_only：['aa'，'f5']
——————————————————————common_dirs 两边目录都存在的目录——————————————
  common_dirs：['a']
——————————————————————common_files 两边目录都存在的子文件——————————————
  common_files：['f1'，'f2'，'f3']
——————————————————————common_funny 两边目录都存在的子目录（不同目录类型或 os.stat()记录的错误）——————————————

———

common_funny:[]

————————————————same_files 匹配相同的文件———
———————————————

same_files:['f1','f2']

——————————————————diff_files 不匹配的文件—————
———————————

diff_files:['f3']

————————————————————funny_files 两边目录中都存在，但无法比较的文件—————————————————

funny_files:[]

5.9.8.3 实践：校验源与备份目录差异

在某些情况下，我们可能难以确定备份目录中的文件是否与源目录中的文件完全一致。这涵盖了诸如源目录中新增的文件或文件夹，或者已有文件或文件夹的更新内容是否已经被成功地同步到了备份目录中。如果在同步过程中存在任何遗漏或错误，我们就希望能够进行有针对性的补充备份，以确保数据的完整性和一致性。为了实现这一目标，本实践巧妙地运用了 Python 的 filecmp 模块。该模块中的 left_only 方法能够帮助我们识别出源目录中存在但备份目录中缺失的文件，而 diff_files 方法则可以找出两个目录中内容存在差异的文件。这两种方法都是递归进行的，可以深入检查目录结构中的每一个角落。一旦我们确定了哪些文件或文件夹是新的或者已经发生更改，就可以利用 shutil 模块的 copyfile 函数以及 os 模块的 makedirs 函数，将这些更新项精确地复制到备份目录中。这样一来，无论源目录发生了何种变化，备份目录都能够迅速反映出这些变化，始终与源目录保持同步和一致。这种方法不仅提高了备份的准确性和效率，还大大减少了数据丢失或不一致的风险。

详细源代码如下：

```
# ! /usr/bin/python3
# _*_coding:utf-8_*_
import os, sys
import filecmp
import re
import shutil
holderlist= []
def compareme(dir1,dir2): # 递归获取更新函数
    dircomp= filecmp.dircmp(dir1,dir2)
    only_in_one= dircomp.left_only # 源目录新文件或目录
    diff_in_one= dircomp.diff_files # 不匹配文件,源目录文件已发生变化
    dirpath= os.path.abspath(dir1) # 定义源目录绝对路径
    # 将更新文件名或目录追加到 holderlist
```

```
        [holderlist.append(os.path.abspath(os.path.join(dir1,x))) for x in only_in_one]
        [holderlist.append(os.path.abspath(os.path.join(dir1,x))) for x in diff_in_one]
        if len(dircomp.common_dirs)> 0: # 判断是否存在相同的子目录,以便递归
            for item in dircomp.common_dirs: # 递归子目录
                compareme(os.path.abspath(os.path.join(dir1,item)),\
                os.path.abspath(os.path.join(dir2,item)))
        return holderlist
def main():
    if len(sys.argv)> 2: # 要求输入源目录与备份目录
        dir1= sys.argv[1]
        dir2= sys.argv[2]
    else:
        print "Usage: ",sys.argv[0], "datadir backupdir"
        sys.exit()
    source_files= compareme(dir1,dir2) # 对比源目录与备份目录
    dir1= os.path.abspath(dir1)
    if not dir2.endswith('/'): dir2= dir2+ '/' # 备份目录路径加"/"符
    dir2= os.path.abspath(dir2)
    destination_files= []
    createdir_bool= False
    for item in source_files: # 遍历返回的差异文件或目录
        destination_dir= re.sub(dir1,dir2,item)# 将源目录差异路径清单对应替换成备份目录
        destination_files.append(destination_dir)
        if os.path.isdir(item): # 如果差异路径为目录且不存在,则在备份目录中创建
            if not os.path.exists(destination_dir):
                os.makedirs(destination_dir)
                createdir_bool= True # 再次调用compareme函数标记
    if createdir_bool:    # 重新调用compareme函数,重新遍历新创建目录的内容
        destination_files= []
        source_files= []
        source_files= compareme(dir1,dir2) # 调用compareme函数
```

```
        for item in source_files: # 获取源目录差异路径清单
            destination_dir= re.sub(dir1,dir2,itme)
            destination_files.append(destination_dir)
    print "update item: "
    print source_files   # 输出更新项列表清单
    copy_pair= zip(source_files,destination_files)# 将源目录与备份
目录文件清单拆分成元组

    for item in copy_pair:
        if os.path.isfile(item[0]): # 判断是否为文件,是则进行复制操作
            shutil.copyfile(item[0],item[1])

if __name__ = = '__main__':
    main()
```

程序运行结果如下：

[root@prometheus01 ~]# python simple10.py dir1 dir2
update item：
['/root/dir1/f4'，'/root/dir1/f3']
再次运行时已经没有更新项了
[root@prometheus01 ~]# python simple10.py dir1 dir2
update item：
[]

5.9.9 sys.argv 的意义及用法

具体来说,sys.argv 是 Python 程序中一个极其重要的参数列表,它充当了一座桥梁,将命令行中的输入参数传递给 Python 脚本。这个列表不仅包含了执行的 Python 脚本的相对路径,还囊括了所有从命令行界面传入的额外参数。这些参数可以是一个,也可以是多个,它们都以字符串的形式被 sys.argv 接收。

我们通过下面的代码示例来深入探讨 sys.argv 的工作原理：

```
import sys
lst = sys.argv
print(lst)
```

在命令行中,我们使用 Python 解释器来运行这个脚本。如果我们仅仅输入 python3 test.py(注意,这个命令需要在 test.py 所在的目录下运行),运行结果会显示 ['test.py']。这表明 sys.argv 列表中只有一个元素,即当前运行的脚本文件名。

接下来,我们在运行 test.py 时尝试传入一个参数,如 python3 test.py 2。此时,运行结果变为 ['test.py'，'2'],显示传入的参数已经被 sys.argv 成功捕获。

当我们传入多个参数时,比如 python3 test.py 2 "hello"(请注意,参数之间是以空格

分隔的),运行结果则变为['test.py','2','hello']。这再次证明了 sys.argv 能够有效地接收并记录所有传入的参数。

为了更深入地理解 sys.argv 的工作机制,我们改变当前的工作目录到上级目录 tmp,然后再次运行 test.py 并传入以下多个参数:python3 tmp/test.py 2 "hello" "world"。此时,运行结果为['tmp/test.py','2','hello','world']。可以看出,sys.argv 的第一个元素始终是执行的 Python 脚本相对于当前工作目录的路径,而后续的元素则是从命令行传入的参数。

在实际工作中,我们经常需要在命令行中执行 Python 脚本并同时传入参数。这时,sys.argv 就显得尤为重要,因为它能够维护一个包含所有传入参数的列表,使得我们可以在 Python 脚本中方便地使用这些参数。例如,我们可以修改 test.py 脚本,通过 sys.argv 获取参数并在函数中进行计算,相关代码如下:

```python
import sys
lst = sys.argv
print(lst)

def func():
    a = int(sys.argv[1])
    b = int(sys.argv[2])
    return a ** b

print("result of func:", func())
```

当我们运行 python test.py 2 3 时,输出结果会显示传入的参数列表以及函数计算的结果['test.py','2','3']和 result of func:8。

综上所述,sys.argv 是一个功能强大的参数列表,它不仅能够记录执行的 Python 脚本的相对路径,还能捕获所有从命令行传入的参数。在 Python 脚本中,我们可以通过索引 sys.argv[index] 的方式来获取和使用这些参数,从而实现更灵活、更高效的编程操作。

5.9.10 Python os.path 模块

5.9.10.1 常用方法

os.path 模块主要用于获取文件的属性。表 5.2 给出了 os.path 模块的一些常用函数。

表 5.2 os.path 模块的常用函数

常用函数	说明
os.path.abspath(path)	返回绝对路径
os.path.basename(path)	返回文件名
os.path.commonprefix(list)	返回 list(多个路径)中,所有 path 共有的最长的路径
os.path.dirname(path)	返回文件路径
os.path.exists(path)	如果路径 path 存在,返回 True;如果路径 path 不存在或损坏,返回 False
os.path.lexists(path)	路径存在则返回 True,路径损坏也返回 True
os.path.expanduser(path)	把 path 中包含的～和～user 转换成用户目录
os.path.expandvars(path)	根据环境变量的值替换 path 中包含的 $name 和 ${name}
os.path.getatime(path)	返回最近访问时间(浮点型秒数)
os.path.getmtime(path)	返回最近文件修改时间
os.path.getctime(path)	返回文件 path 创建时间
os.path.getsize(path)	返回文件大小,如果文件不存在就返回 False
os.path.isabs(path)	判断是否为绝对路径
os.path.isfile(path)	判断路径是否为文件
os.path.isdir(path)	判断路径是否为目录
os.path.islink(path)	判断路径是否为链接
os.path.ismount(path)	判断路径是否为挂载点
os.path.join(path1[, path2[, ...]])	把目录和文件名合成一个路径
os.path.normcase(path)	转换 path 的大小写和斜杠
os.path.normpath(path)	规范 path 字符串形式
os.path.realpath(path)	返回 path 的真实路径
os.path.relpath(path[, start])	从 start 开始计算相对路径
os.path.samefile(path1, path2)	判断目录或文件是否相同
os.path.sameopenfile(fp1, fp2)	判断 fp1 和 fp2 是否指向同一文件
os.path.samestat(stat1, stat2)	判断 stat tuple stat1 和 stat2 是否指向同一个文件
os.path.split(path)	把路径分割成 dirname 和 basename,返回一个元组
os.path.splitdrive(path)	一般用在 Windows 下,返回驱动器名和路径组成的元组
os.path.splitext(path)	分割路径,返回路径名和文件扩展名的元组
os.path.splitunc(path)	把路径分割为加载点与文件

续表

常用函数	说明
os.path.walk(path, visit, arg)	遍历 path，进入每个目录都调用 visit 函数，visit 函数必须有三个参数(dirname、names、arg)，dirname 表示当前目录的目录名，names 代表当前目录下的所有文件名，arg 则为 walk 的第三个参数
os.path.supports_unicode_filenames	设置是否支持 unicode 路径名

5.9.10.2 示例

以下示例代码演示了 os.path 相关方法的使用：

```
#! /usr/bin/python # -*- coding: UTF-8 -*-
import os
print( os.path.basename('/root/runoob.txt') ) # 返回文件名
print( os.path.dirname('/root/runoob.txt') ) # 返回目录路径
print( os.path.split('/root/runoob.txt') ) # 分割文件名与路径
print( os.path.join('root','test','runoob.txt') ) # 将目录和文件名合成一个路径
```

运行以上程序输出结果为：

runoob.txt

/root

('/root', 'runoob.txt')

root/test/runoob.txt

以下示例代码输出文件的相关信息：

```
#! /usr/bin/python # -*- coding: UTF-8 -*-
import os
import time
file= '/root/runoob.txt' # 文件路径
print( os.path.getatime(file) ) # 输出最近访问时间
print( os.path.getctime(file) ) # 输出文件创建时间
print( os.path.getmtime(file) ) # 输出最近修改时间
print( time.gmtime(os.path.getmtime(file)) ) # 以 struct_time 形式输出最近修改时间
print( os.path.getsize(file) ) # 输出文件大小(以字节为单位)
print( os.path.abspath(file) ) # 输出绝对路径
print( os.path.normpath(file) ) # 规范 path 字符串形式
```

运行以上程序输出结果为：

1539052805.5735736

1539052805.5775735

1539052805.5735736

time.struct_time(tm_year=2023,tm_mon=10,tm_mday=9,tm_hour=2,tm_min=40,tm_sec=5,tm_wday=1,tm_yday=282,tm_isdst=0)

/root/runoob.txt

/root/runoob.txt

5.9.11 Python 实现对文件的全量、增量备份

相关代码如下：

```python
#！/user/bin/envpython
import os
import filecmp
import shutil
import sys
import time,sched
'''定时任务备份,增量备份'''
schedule = sched.scheduler(time.time, time.sleep)


def autoBackup(scrDir,dstDir):
    if((not os.path.isdir(scrDir))or(not os.path.isdir(dstDir))or
        (os.path.abspath(scrDir) != scrDir)or(os.path.abspath(dstDir) != dstDir)):
        usage()
    for item in os.listdir(scrDir):
        scrItem = os.path.join(scrDir,item)
        dstItem= scrItem.replace(scrDir,dstDir)
        if os.path.isdir(scrItem):
            # 创建新增加的文件夹,保证目标文件夹结构与原始文件一致
            if not os.path.exists(dstItem):
                os.makedirs(dstItem)
                print('make directory'+ dstItem)
            # 递归调用自身函数
            autoBackup(scrItem,dstItem)
        elif os.path.isfile(scrItem):
            # 只复制新增或修改的文件
            if((not os.path.exists(dstItem))or(not filecmp.cmp(scrItem,dstItem,shallow= False))):
```

```
            shutil.copyfile(scrItem,dstItem)
            print('file:'+ scrItem+ '= = > '+ dstItem,os.system
('echo % time% '))
        schedule.enter(10, 0, autoBackup, (scrDir, dstDir))
    def usage():
        print('Error')
        print('For example:{0}'.format(sys.argv[0]))
        sys.exit(0)
    if __name__ == "__main__":
        # if len(sys.argv) ! = 3:
        #     usage()
        # scrDir,dstDir =  sys.argv[1],sys.argv[2]
        scrDir, dstDir =  r'E:\PyCharm\WorkSpace\TestPkg\base\src',r'E:\PyCharm\WorkSpace\TestPkg\base\dest'
        # 定时周期执行备份任务
        schedule.enter(10, 0, autoBackup, (scrDir,dstDir))
        schedule.run()   # 持续运行,直到计划时间队列变成空
        # autoBackup(scrDir,dstDir)
```

5.10 参考代码

（1）递归遍历指定文件夹下的子文件夹和文件,参考代码如下：

```
from os import listdir
from os.path import join, isfile, isdir
def listDirDepthFirst(directory):
    # 遍历文件夹,如果是文件就直接输出,如果是文件夹,就输出显示,然后递归遍历该文件夹
    for subPath in listdir(directory):
        path = join(directory, subPath)
        print(path)
        if isdir(path):
            listDirDepthFirst(path)
```

（2）编写程序,递归删除指定文件夹中指定类型的文件,参考代码如下：

```
from os.path import isdir, join, splitext
from os import remove, listdir
```

```
import sys
filetypes = ['.tmp', '.log', '.obj', '.txt']   # 指定要删除的文件类型
def delCertainFiles(directory):
    if not isdir(directory):
        return
    for filename in listdir(directory):
        temp = join(directory, filename)
        if isdir(temp):
            delCertainFiles(temp)
        elif splitext(temp)[1] in filetypes:   # 检查文件类型
            remove(temp)
            print(temp, ' deleted....')
```

(3)编写程序,进行文件夹增量备份,参考代码如下:

```
import os
import filecmp
import shutil
import sys
def autoBackup(scrDir, dstDir):
    if ((not os.path.isdir(scrDir)) or (not os.path.isdir(dstDir)) or
        (os.path.abspath(scrDir) != scrDir) or (os.path.abspath(dstDir) != dstDir)):
        usage()
    for item in os.listdir(scrDir):
        scrItem = os.path.join(scrDir, item)
        dstItem = scrItem.replace(scrDir,dstDir)
        if os.path.isdir(scrItem):
            # 创建新增的文件夹,保证目标文件夹的结构与原始文件夹一致
            if not os.path.exists(dstItem):
                os.makedirs(dstItem)
                print('make directory'+ dstItem)
            # 递归调用自身函数
            autoBackup(scrItem, dstItem)
        elif os.path.isfile(scrItem):
            # 只复制新增或修改过的文件
            if ((not os.path.exists(dstItem)) or
```

```
                    (not filecmp.cmp(scrItem, dstItem, shallow= False))):
                        shutil.copyfile(scrItem, dstItem)
                        print('file:'+ scrItem+ '= = > '+ dstItem)
    def usage():
        print('scrDir and dstDir must be existing absolute path of certain directory')
        print('For example:{0} c:\\olddir c:\\newdir'.format(sys.argv[0]))
        sys.exit(0)

    if __name__= = '__main__':
        if len(sys.argv)! = 3:
            usage()
        scrDir, dstDir= sys.argv[1], sys.argv[2]
        autoBackup(scrDir, dstDir)
```

实验 6　异常处理

6.1　实验项目

异常处理。

6.2　实验类型

设计型实验。

6.3　实验目的

(1)掌握 Python 的异常处理结构。
(2)能够独立编写异常处理程序。

6.4　知识点

(1)Python 的异常处理结构。
(2)常用的异常处理程序。

6.5　实验原理

(1)使用 Jupyter Notebook 来编写异常处理的 Python 程序。
(2)执行 Python 程序。
(3)根据提示信息判断程序中的使用错误。
(4)修改程序。
(5)得出正确的结果。

6.6　实验器材

计算机、Windows 10 操作系统、Anaconda、Jupyter Notebook。

6.7　实验内容

(1)编写函数模拟猜数游戏。系统随机产生一个数,并且指定玩家最多可以猜的次数。系统会根据玩家的猜测进行提示,玩家则可以根据系统的提示对下一次的猜测进行适当调整。

（2）用户输入若干个分数，求所有分数的平均分。每输入一个分数后询问是否继续输入下一个分数，回答"yes"就继续输入下一个分数，回答"no"就停止输入分数。使用异常处理机制来编写程序。

（3）编写自定义异常类，完成对异常信息的记录，将异常信息写入 app_log_file.txt 文件中。

6.8 实验报告要求

实验报告的主要内容：完成要求的程序编写，提交源代码和运行结果。

6.9 相关知识链接

6.9.1 异常类型

异常的三个核心关键字是 try、except 和 finally，它们在 Python 编程中扮演着至关重要的角色。在 try 代码块内，如果程序运行过程中出现了错误，就会引发异常。这个异常随后会被 except 部分捕获，前提是 except 已经预设了对应的错误类型以进行精确匹配。一旦异常被成功捕获，except 后的代码块将会被执行，以处理该异常。至于 finally 代码块，则是无论是否发生异常、无论异常是否被捕获都会执行的部分，它通常用于资源的清理工作。

那么，在 try 语句中，究竟是谁在负责抛出这些异常呢？答案就是 Python 的解释器。在脚本执行的过程中，解释器会实时监控代码的运行情况，一旦发现错误，就会立即抛出一个异常。但是，这个异常是如何产生的？又是如何被定义和捕获的呢？

为了解答这些问题，我们需要深入了解如何自定义异常类型，并学会如何在需要的时候主动抛出异常。掌握这些技能后，我们就能够更加灵活地"掌控"异常的发生，而不仅仅是被动地应对 Python 内置的异常类型，如 NameError、TypeError 等。

6.9.1.1 自定义抛出异常关键字 raise

raise 关键字在 Python 中扮演着非常重要的角色，它赋予了程序员主动触发异常的能力。通过 raise，我们可以将特定的信息以错误报告的形式向上抛出，从而中断正常的程序流程。这种机制在处理异常情况、提示潜在问题或强制程序在某些条件下停止执行时非常有用。下面是 raise 关键字的具体用法和示例。

（1）用法

当想要抛出一个异常时，可以使用语法 raise 异常类型(message)。其中，异常类型是你想要抛出的异常的类型。Python 内置了许多异常类型，如 ValueError、TypeError 等，但使用者也可以自定义异常类型。message 是一个字符串，表示想要与异常一起抛出的错误信息。这个信息通常用于描述发生了什么错误或为什么抛出这个异常。

（2）细节分析

参数：message 是传递给异常对象的字符串参数，它包含了关于异常的详细描述。当异常被抛出时，这个信息可以帮助开发者或用户更好地理解发生了什么错误。

执行流程：当 Python 解释器执行到包含 raise 关键字的行时，它会立即停止当前的程序流程，并根据 raise 语句的要求抛出一个异常。这个异常会中断程序的正常执行，除非被外部的异常处理结构（如 try-except 块）捕获并处理。

返回值：值得注意的是，raise 关键字本身并不产生任何返回值。它的主要目的是触发一个异常，而不是计算并返回一个结果。因此，在 raise 语句之后的代码（在同一作用域内）将不会被执行，除非异常被捕获并被妥善处理。

通过掌握 raise 关键字的用法，开发者可以在程序中灵活地处理各种异常情况，从而提高代码的健壮性和可维护性。

（3）演示小案例

演示小案例 1：

```
raise ValueError('使用 raise 主动抛出异常。')
```

运行结果如图 6.1 所示。

```
---------------------------------------------------------------
ValueError                          Traceback (most recent call last)
Cell In[13], line 1
----> 1 raise ValueError('使用raise主动抛出异常。')

ValueError: 使用raise主动抛出异常。
```

图 6.1　raise ValueError

演示小案例 1 中使用的是 ValueError 异常类型，实际上我们可以使用任意的异常类型，比如使用 Exception 也是一个不错的选择。

演示小案例 2：

```
def test(num):
    if num = = 100:
        raise ValueError('传入的参数 \'num\' 不可以为 100')
    return num
result = test(100)
print(result)
```

运行结果如图 6.2 所示。

```
ValueError                    Traceback (most recent call last)
Cell In[12], line 5
      3         raise ValueError('传入的参数 \'num\' 不可以为100')
      4     return num
----> 5 result = test(100)
      6 print(result)

Cell In[12], line 3, in test(num)
      1 def test(num):
      2     if num == 100:
----> 3         raise ValueError('传入的参数 \'num\' 不可以为100')
      4     return num

ValueError: 传入的参数 'num' 不可以为100
```

图 6.2 抛出的 ValueError 异常

主动抛出的 raise 能不能被捕获呢？相关代码如下：

```python
def test(num):
    if num == 100:
        raise ValueError('传入的参数 \'num\' 不可以为 100')
    return num

# result = test(100)

def test2(num):
    try:
        return test(num)
    except ValueError as e:
        return e

result = test2(100)
print(result)
```

运行结果如下：

传入的参数 'num'不可以为 100。

再思考一个问题：如果 raise 关键字后面不跟随错误类型，仅仅是字符串提示信息，能否抛出错误呢？相关代码如下：

```python
def test3():
    raise '主动抛出异常'

test3()
```

运行结果如图 6.3 所示。

```
TypeError                                Traceback (most recent call last)
Cell In[15], line 3
      1 def test3():
      2     raise '主动抛出异常'
----> 3 test3()

Cell In[15], line 2, in test3()
      1 def test3():
----> 2     raise '主动抛出异常'

TypeError: exceptions must derive from BaseException
```

图 6.3 raise 直接加字符串的抛出异常

这里的确抛出了一个异常，但并不是 raise 关键字主动抛出的异常，而是 Python 解释器发现 raise 关键字的用法不正确后抛出的 TypeError 的异常类型。由此得出结论：raise 关键字后面必须配合一个异常类型才可以正常使用。

6.9.1.2 自定义异常类

Exception 是一个广泛应用的通用异常类别，在编程实践中，当我们面临不确定性或者不清楚应该使用哪种具体异常类型时，Exception 就成了我们的得力助手。我们可以利用它来捕获那些难以归类的异常，或者与 raise 关键字结合，根据程序逻辑主动触发异常。值得一提的是，Exception 不仅是一个实用的异常类型，更是所有异常类型的根基，即所有异常类型的基类（或称为父类）。

如果我们希望创建符合特定业务逻辑或场景的自定义异常，就需要从 Exception 基类进行继承。继承基类之后，我们的自定义异常就获得了异常的基本属性和行为。然而，仅仅继承基类并不够，我们还需要为新的异常类型定义一个独特的错误消息。这个错误消息在异常被触发时会一并输出，为开发者或用户提供关于异常的详细描述。

综上所述，自定义异常的过程包括两个关键原则：首先，必须从 Exception 基类继承；其次，需要在自定义异常的构造函数中定义一个专属的错误消息。遵循这两个原则，我们就能够灵活地创建出符合项目需求的自定义异常类型。来看下面的示例代码：

```python
class NewError(Exception):
    def __init__(self, message):
        self.message = message


def test():
    raise NewError('这是一个自定义异常')


try:
    test()
except NewError as e:
    print(e)
```

运行结果：这是一个自定义异常。接下来自定义一个检查 name 传参的异常，然后进行校验，相关代码如下：

```python
class CheckNameError(Exception):

    def __init__(self, message):
        self.message = message

def check_name(name):
    if name == 'Neo':
        raise CheckNameError('\'Neo\'的名字不可以作为传参参数')
    return name

try:
    check_name('Neo')
except CheckNameError as e:
    print(e)
```

运行结果：'Neo' 的名字不可以作为传参参数。

下面尝试不使用 try 捕获自定义异常，相关代码如下：

```python
class CheckNameError(Exception):

    def __init__(self, message):
        self.message = message

def check_name(name):
    if name == 'Neo':
        raise CheckNameError('\'Neo\'的名字不可以作为传参参数')
    return name

check_name('Neo')
```

运行结果如图 6.4 所示。

```
------------------------------------------------
CheckNameError                          Traceback (most recent call last)
Cell In[18], line 10
      7         raise CheckNameError('\'Neo\'的名字不可以作为传参参数')
      8     return name
---> 10 check_name('Neo')

Cell In[18], line 7, in check_name(name)
      5 def check_name(name):
      6     if name == 'Neo':
----> 7         raise CheckNameError('\'Neo\'的名字不可以作为传参参数')
      8     return name

CheckNameError: 'Neo'的名字不可以作为传参参数
```

图 6.4　不使用 try 捕获自定义异常的输出结果

6.9.2　Python 日志 logging 模块

6.9.2.1　基本使用

完成 logging 基本的设置，然后在控制台输出日志，相关代码如下：

```
import logging
logging.basicConfig(level = logging.INFO,format = '%(asctime)s - %(name)s - %(levelname)s - %(message)s')
logger = logging.getLogger(__name__)
logger.info("Start print log")
logger.debug("Do something")
logger.warning("Something maybe fail.")
logger.info("Finish")
```

运行时，控制台的输出结果如图 6.5 所示。

```
2024-03-24 10:44:25,640 - __main__ - INFO - Start print log
2024-03-24 10:44:25,641 - __main__ - WARNING - Something maybe fail.
2024-03-24 10:44:25,642 - __main__ - INFO - Finish
```

图 6.5　logging 基本的设置输出结果

logging 中可以选择很多消息级别，如 debug、info、warning、error 以及 critical。通过赋予 logger 或者 handler 不同的级别，开发者就可以只输出错误信息到特定的记录文件，或者在调试时只记录调试信息。

6.9.2.2　logging.basicConfig 函数的各参数

filename：指定日志文件名。
filemode：和 file 函数意义相同，指定日志文件的打开模式，'w' 或者 'a'。
format：指定输出的格式和内容，它可以输出很多有用的信息，如表 6.1 所示。

表 6.1　logging 输出的格式参数和作用

参数	作用
%(levelno)s	打印日志级别的数值
%(levelname)s	打印日志级别的名称
%(pathname)s	打印当前执行程序的路径，即 sys.argv[0]
%(filename)s	打印当前执行程序名
%(funcName)s	打印日志的当前函数
%(lineno)d	打印日志的当前行号
%(asctime)s	打印日志的时间
%(thread)d	打印线程 ID
%(threadName)s	打印线程名称
%(process)d	打印进程 ID
%(message)s	打印日志信息

datefmt：指定时间格式，同 time.strftime()。

level：设置日志级别，默认为 logging.WARNNING。

stream：指定日志的输出流，可以指定输出到 sys.stderr、sys.stdout 或者文件，默认输出到 sys.stderr。当 stream 和 filename 同时指定时，stream 被忽略。

6.9.2.3　将日志写入文件

(1)将日志写入文件。设置 logging，创建一个 FileHandler，并对输出消息的格式进行设置，将其添加到 logger，然后将日志写入指定的文件中，相关代码如下：

```
import logging
logger = logging.getLogger(__name__)
logger.setLevel(level = logging.INFO)
handler = logging.FileHandler("log.txt")
handler.setLevel(logging.INFO)
formatter = logging.Formatter('%(asctime)s - %(name)s - %(levelname)s - %(message)s')
handler.setFormatter(formatter)
logger.addHandler(handler)

logger.info("Start print log")
logger.debug("Do something")
logger.warning("Something maybe fail.")
logger.info("Finish")
```

log.txt 中日志数据为：

2024-03-24 10:57:06,370-__main__-INFO-Start print log

2024-03-24 10:57:06,371-__main__-WARNING-Something maybe fail.

2024-03-24 10:57:06,372-__main__-INFO-Finish

（2）将日志同时输出到屏幕和日志文件。在 logger 中添加 StreamHandler，可以将日志输出到屏幕上，相关代码如下：

```python
import logging
logger = logging.getLogger(__name__)
logger.setLevel(level = logging.INFO)
handler = logging.FileHandler("log.txt")
handler.setLevel(logging.INFO)
formatter = logging.Formatter('%(asctime)s - %(name)s - %(levelname)s - %(message)s')
handler.setFormatter(formatter)

console = logging.StreamHandler()
console.setLevel(logging.INFO)

logger.addHandler(handler)
logger.addHandler(console)

logger.info("Start print log")
logger.debug("Do something")
logger.warning("Something maybe fail.")
logger.info("Finish")
```

可以在 log.txt 中看到以下日志数据：

2024-03-24 10:58:07,977-__main__-INFO-Start print log

2024-03-24 10:58:07,978-__main__-WARNING-Something maybe fail.

2024-03-24 10:58:07,980-__main__-INFO-Finish

控制台显示如图 6.6 所示。

```
Start print log
Something maybe fail.
Finish
```

图 6.6　logger 中添加 StreamHandler 的控制台输出

可以发现，logging 有一个日志处理的主对象，其他处理方式都是通过 addHandler 添加进去的。logging 中 handler 的位置和作用如表 6.2 所示。

表 6.2　logging 中 handler 的位置和作用

handler 名称	位置	作用
StreamHandler	Logging.StreamHandler	日志输出到流，可以是 sys.stderr、sys.stdout 或者文件
FileHandler	logging.FileHandler	日志输出到文件
BaseRotatingHandler	logging.handlers.BaseRotatingHandler	基本的日志回滚方式
RotatingHandler	logging.handlers.RotatingHandler	日志回滚方式，支持日志文件最大数量和日志文件回滚
TimeRotatingHandler	logging.handlers.TimeRotatingHandler	日志回滚方式，在一定时间区域内回滚日志文件
SocketHandler	logging.handlers.SocketHandler	远程输出日志到 TCP/IP sockets
DatagramHandler	logging.handlers.DatagramHandler	远程输出日志到 UDP sockets
SMTPHandler	logging.handlers.SMTPHandler	远程输出日志到邮件地址
SysLogHandler	logging.handlers.SysLogHandler	日志输出到 syslog
NTEventLogHandler	logging.handlers.NTEventLogHandler	远程输出日志到 Windows NT/2000/XP 的事件日志
MemoryHandler	logging.handlers.MemoryHandler	日志输出到内存中的指定 buffer
HTTPHandler	logging.handlers.HTTPHandler	通过"GET"或者"POST"远程输出到 HTTP 服务器

6.9.2.4　日志回滚

使用 RotatingFileHandler 可以实现日志回滚，相关代码如下：

```
import logging
from logging.handlers import RotatingFileHandler
logger = logging.getLogger(__name__)
logger.setLevel(level = logging.INFO)
# 定义一个 RotatingFileHandler,最多备份 3 个日志文件,每个日志文件最大 1 K
rHandler = RotatingFileHandler("log.txt", maxBytes = 1*1024, backupCount = 3)
rHandler.setLevel(logging.INFO)
formatter = logging.Formatter('%(asctime)s - %(name)s - %(levelname)s - %(message)s')
rHandler.setFormatter(formatter)
console = logging.StreamHandler()
console.setLevel(logging.INFO)
console.setFormatter(formatter)
```

```
logger.addHandler(rHandler)
logger.addHandler(console)logger.info("Start print log")
logger.debug("Do something")
logger.warning("Something maybe fail.")
logger.info("Finish")
```

可以在工程目录中看到备份的日志文件为：

2023/12/21 9:39　　　　　　732 log.txt
2023/12/21 9:39　　　　　　967 log.txt.1
2023/12/21 9:39　　　　　　985 log.txt.2
2023/12/21 9:39　　　　　　976 log.txt.3

6.9.2.5　设置消息的等级

可以设置不同的日志等级，用于控制日志的输出，如表 6.3 所示。

表 6.3　日志等级和使用范围

日志等级	使用范围
FATAL	致命错误
CRITICAL	特别糟糕的事情，如内存耗尽、磁盘空间为空，一般很少使用
ERROR	发生错误时，如 IO 操作失败或者连接问题
WARNING	发生很重要的事件但并不是错误时，如用户登录密码错误
INFO	处理请求或者状态变化等日常事务
DEBUG	调试过程中使用 DEBUG 等级，如算法中每个循环的中间状态

6.9.2.6　捕获 traceback

Python 中的 traceback 模块被用于跟踪异常返回信息，可以在 logging 中记录下 traceback，代码如下：

```
import logging
logger = logging.getLogger(__name__)
logger.setLevel(level = logging.INFO)
handler = logging.FileHandler("log.txt")
handler.setLevel(logging.INFO)
formatter = logging.Formatter('%(asctime)s - %(name)s - %(levelname)s - %(message)s')
handler.setFormatter(formatter)
```

```
    console = logging.StreamHandler()
    console.setLevel(logging.INFO)

    logger.addHandler(handler)
    logger.addHandler(console)

    logger.info("Start print log")
    logger.debug("Do something")
    logger.warning("Something maybe fail.")
    try:
        open("sklearn.txt","rb")
    except (SystemExit,KeyboardInterrupt):
        raise
    except Exception:
        logger.error("Faild to open sklearn.txt from logger.error",exc_info = True)
    logger.info("Finish")
```

控制台中的输出如图 6.7 所示。

```
Start print log
Something maybe fail.
Finish
```

图 6.7　traceback 控制台中的输出

日志文件 log.txt 中的输出如图 6.8 所示。

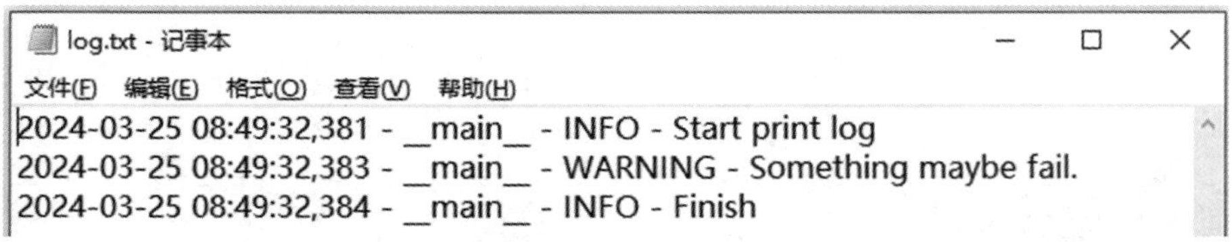

```
log.txt - 记事本
文件(F)  编辑(E)  格式(O)  查看(V)  帮助(H)
2024-03-25 08:49:32,381 - __main__ - INFO - Start print log
2024-03-25 08:49:32,383 - __main__ - WARNING - Something maybe fail.
2024-03-25 08:49:32,384 - __main__ - INFO - Finish
```

图 6.8　traceback 的日志文件的 log.txt 输出

也可以使用 logger.exception(msg,_args)，它等价于 logger.error(msg,exc_info = True,_args)，即将 logger.error("Faild to open sklearn.txt from logger.error",exc_info = True)替换为 logger.exception("Failed to open sklearn.txt from logger.exception")。

6.9.2.7　多模块使用 logging

主模块 mainModule.py 的代码如下：

```
import logging
import subModule
logger = logging.getLogger("mainModule")
logger.setLevel(level = logging.INFO)
handler = logging.FileHandler("log.txt")
handler.setLevel(logging.INFO)
formatter = logging.Formatter('%(asctime)s - %(name)s - %(levelname)s - %(message)s')
handler.setFormatter(formatter)

console = logging.StreamHandler()
console.setLevel(logging.INFO)
console.setFormatter(formatter)

logger.addHandler(handler)
logger.addHandler(console)

logger.info("creating an instance of subModule.subModuleClass")
a = subModule.SubModuleClass()
logger.info("calling subModule.subModuleClass.doSomething")
a.doSomething()
logger.info("done with subModule.subModuleClass.doSomething")
logger.info("calling subModule.some_function")
subModule.som_function()
logger.info("done with subModule.some_function")
```

子模块 subModule.py 的代码如下：

```
import logging
module_logger = logging.getLogger("mainModule.sub")
class SubModuleClass(object):
    def __init__(self):
        self.logger = logging.getLogger("mainModule.sub.module")
        self.logger.info("creating an instance in SubModuleClass")
    def doSomething(self):
        self.logger.info("do something in SubModule")
        a = []
```

```
        a.append(1)
        self.logger.debug("list a =  " + str(a))
        self.logger.info("finish something in SubModuleClass")

    def som_function():
        module_logger.info("call function some_function")
```

运行之后,在控制台和日志文件 log.txt 中的输出结果为:

2024-03-25 08:15:09,352-__main__-INFO-Start print log

2024-03-25 08:15:09,353-__main__-WARNING-Something maybe fail

2024-03-25 08:15:09,357-__main__-INFO-Finish

首先在主模块定义 logger'mainModule',并对它进行配置,这样就可以在解释器进程里的其他地方通过 getLogger('mainModule')得到一样的对象而不需要重新配置,并可以直接使用。定义的该 logger 的子 logger 都可以共享父 logger 的定义和配置。所谓的父、子 logger 是通过命名来识别的,任意以'mainModule'开头的 logger 都是它的子 logger,如'mainModule.sub'。实际开发一个 application 时,首先可以通过 logging 配置文件编写好这个 application 所对应的配置,生成一个根 logger,如'PythonAPP',然后在主函数中通过 fileConfig 加载 logging 配置,接着在 application 的其他地方、不同的模块中,使用根 logger 的子 logger,如'PythonAPP.Core'或'PythonAPP.Web'来进行 log,而不需要反复定义和配置各个模块的 logger。

6.9.2.8　通过 JSON 或者 YAML 文件配置 logging 模块

尽管可以在 Python 代码中配置 logging,但是这样并不够灵活,最好的方法是使用一个配置文件来配置。在 Python 2.7 及以后的版本中,可以从字典中加载 logging 配置,也就意味着可以通过 JSON 或者 YAML 文件加载日志的配置。

(1)通过 JSON 文件配置。JSON 配置文件如下:

```
{
    "version":1,
    "disable_existing_loggers":false,
    "formatters":{
        "simple":{
            "format":"%(asctime)s-%(name)s-%(levelname)s-%(message)s"
        }
    },
    "handlers":{
        "console":{
```

```json
            "class":"logging.StreamHandler",
            "level":"DEBUG",
            "formatter":"simple",
            "stream":"ext://sys.stdout"
        },
        "info_file_handler":{
            "class":"logging.handlers.RotatingFileHandler",
            "level":"INFO",
            "formatter":"simple",
            "filename":"info.log",
            "maxBytes":"10485760",
            "backupCount":20,
            "encoding":"utf8"
        },
        "error_file_handler":{
            "class":"logging.handlers.RotatingFileHandler",
            "level":"ERROR",
            "formatter":"simple",
            "filename":"errors.log",
            "maxBytes":10485760,
            "backupCount":20,
            "encoding":"utf8"
        }
    },
    "loggers":{
        "my_module":{
            "level":"ERROR",
            "handlers":["info_file_handler"],
            "propagate":"no"
        }
    },
    "root":{
        "level":"INFO",
        "handlers":["console","info_file_handler","error_file_handler"]
    }
}
```

通过JSON加载配置文件,然后通过logging.dictConfig配置logging,相关代码如下:

```python
import json
import logging.config
import os

def setup_logging(default_path = "logging.json",default_level = logging.INFO,env_key = "LOG_CFG"):
    path = default_path
    value = os.getenv(env_key,None)
    if value:
        path = value
    if os.path.exists(path):
        with open(path,"r") as f:
            config = json.load(f)
            logging.config.dictConfig(config)
    else:
        logging.basicConfig(level = default_level)

def func():
    logging.info("start func")

    logging.info("exec func")

    logging.info("end func")

if __name__ = = "__main__":
    setup_logging(default_path = "logging.json")
    func()
```

(2)通过YAML文件配置。通过YAML文件进行配置,比JSON看起来更加简洁明了。相关配置如下:

version: 1
disable_existing_loggers: False
formatters:
　　simple:
　　　　format: "%(asctime)s-%(name)s-%(levelname)s-%(message)s"

handlers:
    console:
        class: logging.StreamHandler
        level: DEBUG
        formatter: simple
        stream: ext://sys.stdout
    info_file_handler:
        class: logging.handlers.RotatingFileHandler
        level: INFO
        formatter: simple
        filename: info.log
        maxBytes: 10485760
        backupCount: 20
        encoding: utf8
    error_file_handler:
        class: logging.handlers.RotatingFileHandler
        level: ERROR
        formatter: simple
        filename: errors.log
        maxBytes: 10485760
        backupCount: 20
        encoding: utf8
loggers:
    my_module:
        level: ERROR
        handlers: [info_file_handler]
        propagate: no
root:
    level: INFO
    handlers: [console,info_file_handler,error_file_handler]

通过 YAML 加载配置文件,然后通过 logging.dictConfig 配置 logging,相关代码如下:

```
import yaml
import logging.config
import os
```

```python
    def setup_logging(default_path = "logging.yaml",default_level = logging.INFO,env_key = "LOG_CFG"):
        path = default_path
        value = os.getenv(env_key,None)
        if value:
            path = value
        if os.path.exists(path):
            with open(path,"r") as f:
                config = yaml.load(f)
                logging.config.dictConfig(config)
        else:
            logging.basicConfig(level = default_level)

    def func():
        logging.info("start func")

        logging.info("exec func")

        logging.info("end func")

    if __name__ == "__main__":
        setup_logging(default_path = "logging.yaml")
        func()
```

6.9.3 Python 异常模块 traceback 用法实例分析

traceback 模块被用来跟踪异常返回信息，相关代码如下：

```
import traceback
try:
    raise SyntaxError, "traceback test"
except:
    traceback.print_exc()
```

运行结果将会在控制台输出，如图 6.9 所示。

```
Cell In[9], line 3
    raise SyntaxError, "traceback test"
                     ^
SyntaxError: invalid syntax
```

图 6.9 traceback 模块的控制台输出

类似地,在没有捕获异常时,解释器所返回的结果也可以传入一个文件,把返回信息写到文件中,相关代码如下:

```
import traceback
import StringIO
try:
    raise SyntaxError, "traceback test"
except:
    fp = StringIO.StringIO() # 创建内存文件对象
    traceback.print_exc(file= fp)
    message = fp.getvalue()
    print message
```

这样,在控制台输出的结果与图 6.9 所示一样。在下面一段代码中,当分母为 0 的时候,调用系统退出:

```
# ! /usr/bin/python
import sys
def division(a= 1, b= 1):
    if b= = 0:
        print 'b eq 0'
        sys.exit(1)
    else:
        return a/b
```

可以用 try.except 捕获异常,然后用 traceback.print_exc()打印,相关代码如下:

```
# ! /usr/bin/python
import sys
import traceback
def division(a= 1, b= 1):
    if b= = 0:
        print('b eq 0')
        sys.exit(1)
    else:
```

```
        return a/b
a= 10
b= 0
try:
    print(division(a,b))
except:
    print('invoking division failed.')
    traceback.print_exc()
```

运行结果如图 6.10 所示。

```
b eq 0
invoking division failed.
Traceback (most recent call last):
  File "C:\Users\Administrator\AppData\Local\Temp\ipykernel_12156\16
94746587.py", line 13, in <module>
    print(division(a,b))
    ^^^^^^^^^^^^^^
  File "C:\Users\Administrator\AppData\Local\Temp\ipykernel_12156\16
94746587.py", line 7, in division
    sys.exit(1)
SystemExit: 1
```

图 6.10　traceback.print_exc()打印异常

6.10　参考代码

（1）编写函数模拟猜数游戏。系统随机产生一个数，并且指定玩家最多可以猜的次数。系统会根据玩家的猜测进行提示，玩家则可以根据系统的提示对下一次的猜测进行适当调整。参考代码如下：

```
import random
def gessNum():
    # 定义竞猜的次数
    times= 7
    timesStart= times# 用于统计竞猜了几次
    print('你最多可以猜% d次,要不要试试呀？'% times)
    userinput= input('输入 y 进入游戏,输入 n 退出')
    if userinput= = 'n':
        quit
    elif userinput= = 'y':
        randomNumber= random.randrange(1,100,1)
        while times> 0:
            try:
```

```
                    usergessNum= int(input('请输入读者猜的值(1 到 100 之
间):'))
                if randomNumber> usergessNum:
                    times- = 1
                    if times> 0:
                        print('读者猜小了,读者还有% d 次机会'% times)
                        # print(times)
                        continue
                    else:
                        print('随机数是% d'% (randomNumber))
                        print('读者猜小了,不过读者已经没有机会了,游戏
结束……')
                elif randomNumber< usergessNum:
                    times- = 1
                    if times> 0:
                        print('读者猜大了,读者还有% d 次机会'% times)
                        # print(times)
                        continue
                    else:
                        print('随机数是% d'% (randomNumber))
                        print('读者猜大了,不过读者已经没有机会了,游戏
结束……')
                else:
                    print('随机数是% d'% (randomNumber))
                    print('你真厉害,竟然% d 次就猜对了'% (timesStart
- times+ 1))

                    break
            except:
                print('请重新输入! ')
                continue
    else:
        print('请输入 y 或 n! ')
        gessNum()

ii= gessNum()
```

(2) 用户输入若干个分数,求所有分数的平均分。每输入一个分数后询问是否继续输入下一个分数,回答"yes"就继续输入下一个分数,回答"no"就停止输入分数。使用异常处理机制编写代码如下:

```python
numbers = []                                    # 使用列表存放临时数据
while True:
    x = input('请输入一个成绩:')
    try:                                        # 异常处理结构
        numbers.append(float(x))
    except:
        print('不是合法成绩')
    while True:
        flag = input('继续输入吗?(yes/no)').lower()
        if flag not in ('yes', 'no'):          # 限定用户输入内容必须为 yes 或 no
            print('只能输入 yes 或 no')
        else:
            break
    if flag == 'no':
        break
print('平均分是{0:.2f}'.format(sum(numbers)/len(numbers)))
```

(3) 编写自定义异常类,完成对异常信息的记录,将异常信息写入 app_log_file.txt 文件中,参考代码如下:

```python
from datetime import datetime
import traceback,sys

class MyException(Exception):
    logfile = "app_log_file22.txt"
    def doLog(self):
        log = open(self.logfile,"wt")
        day = datetime.today()
        x = sys.exc_info()
        print("\n- - - - - - 出错了- - - - - - ",file = log)
        print("\n 日期时间:",day,file = log)
        log.write("\n 异常类型:% s"% x[0].__name__)
        log.write("\n 异常描述:% s"% x[1])
```

```
            print("\n 堆栈跟踪信息:",file = log)
            traceback.print_tb(self.args[1],file = log)     # 获得堆栈跟
踪信息
            log.close()

try:
    try:
        print(5/'0')
    except Exception as ex:
        raise MyException(ex.args[0],ex.__traceback__)
except (MyException) as ex:
        ex.doLog()
finally:
        print("程序执行结束")
```

实验 7　爬虫实战 1

7.1　实验项目

爬虫实战 1:爬取京东商品的评价信息。

7.2　实验类型

设计型实验。

7.3　实验目的

爬取商品的评价信息。

7.4　知识点

(1)selenium 库的使用。
(2)Requests 库的使用。
(3)正则表达式的使用。

7.5　实验器材

计算机、Windows 10 操作系统、Anaconda(安装 selenium 库)、Chrome 浏览器(安装与 Chrome 版本相对应的 ChromeDriver)。

7.6　实验内容

用 selenium 库和 Requests 库爬取京东商城网站 iPhone 13 手机的多页评论信息,其网址为 https://item.jd.com/100026667910.html,如图 7.1 所示。

图 7.1　京东 iPhone 13 销售界面截图

现在要爬取该商品的评价信息,如图 7.2 所示。

图 7.2　iPhone 13 评价截图

7.6.1 用 selenium 库爬取京东商城网站的商品评价信息

7.6.1.1 爬取单页评论

先导入相关库，代码如下：

```python
from selenium.webdriver.common.by import By
from selenium import webdriver
import time
import re
```

然后通过 selenium 库模拟访问指定网址，代码如下：

```python
# 进入浏览器设置
options = webdriver.ChromeOptions()
# 更换 user-agent 头信息防止被反爬
options.add_argument('user-agent="Mozilla/5.0 (Windows NT 10.0; Win64; x64) AppleWebKit/537.36 (KHTML, like Gecko) Chrome/99.0.4844.84 Safari/537.36"')
browser = webdriver.Chrome(options=options)
browser.maximize_window()
url = 'https://item.jd.com/100026667910.html'
browser.get(url)
```

在这里，京东网站一方会检测到客户端使用了 selenium，大部分情况下会跳转到登录页面，在用京东 App 扫码登录后再运行下列代码，再次打开 iPhone13 相关销售页面：

```python
url = 'https://item.jd.com/100026667910.html'
browser.get(url)
```

看到评价后，通过开发者工具（可以直接按 F12 键，或右击网页空白处后选择"检查"，或按 Ctrl+Shift+I 键）查看网页源代码。具体思路就是想办法获取"商品评价"按钮地址（比如通过 XPATH 表达式的方式）并模拟单击操作，待网页动态加载后获取相关网页源代码。代码如下：

```python
browser.find_element(By.XPATH,'//*[@id="detail"]/div[1]/ul/li[5]').click()   # 单击"商品评价"按钮
time.sleep(3)   # 有时候由于网速慢等原因会看不到评价，请用鼠标单击、好评差评等按钮
```

```
data = browser.page_source    # 获取此时的网页源代码
data
```

结合观察开发者工具中的网页源代码和用 Python 获取的网页源代码，可以发现包含评价内容的网页源代码有如下规律：

<p class="comment-con">评价的内容</p>

由此写出用正则表达式提取评价的代码如下：

```
p_comment = '< p class= "comment- con"> (.* ?)< /p> '
comment = re.findall(p_comment,data)
```

这里涉及一个爬虫常用的知识点，就是 Python 正则表达式的贪婪模式".*"和非贪婪模式".*?"，其中"."是贪婪模式，倾向于获取最长的满足条件的字符串；".?"是非贪婪模式，倾向于获取最短的能满足条件的字符串；经常在两边加的"()"则表示要获取括号之间的信息。我们需要按条筛选每一个评论内容，所以这里要用非贪婪模式。

需要注意的是，re.findall 函数中有个参数 re.S。因为"."（点符号）匹配的是除了换行符"\n"以外的所有字符，所以如果要使用"."或".?"获取包含换行符的内容，re.findall 函数就必须带参数 re.S；也可以将"."用[\s\S]（或"([\d\D])""([\w\W])"）来替换，这样后面的 findall 参数就不用加 re.S 参数了。打印输出 comment，结果如图 7.3 所示，可以看到成功爬取到的商品评价信息。

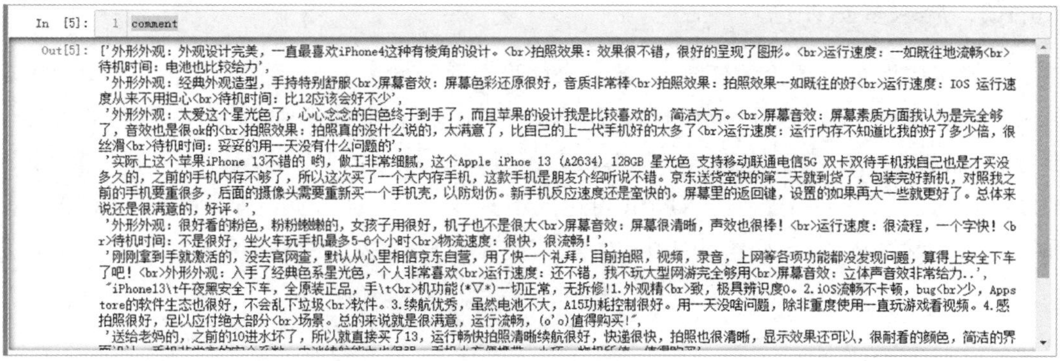

图 7.3 爬取到的商品评价信息

进行数据清洗再打印输出，代码如下：

```
print("- - - - - - - - - - - - - - - - - - - - - - - - - - - - - - - - - - - - -")
print("    * * * * * * 共有"+ str(len(comment))+ "条数据* * * * * *")
print("- - - - - - - - - - - - - - - - - - - - - - - - - - - - - - - - - - - - -")
```

```
for i in range(len(comment)):
    comment[i] = re.sub('< .* ? > ', '', comment[i])
    print(str(i+ 1) + '.' + comment[i])# 将评价信息添加序号后打印输出,当然也可以导出为文本文件或写入 excel
```

当然,提取评论内容的时候也可以不用正则表达式而用其他网页解析工具,如 BeautifulSoup,代码如下:

```
from bs4 import BeautifulSoup
soup= BeautifulSoup(data,'html.parser')
a= soup.select('.comment- con')
print("- - - - - - - - - - - - - - - - - - - - - - - - - ")
print("        * * * * * 共有"+ str(len(a))+ "条数据* * * * * ")
print("- - - - - - - - - - - - - - - - - - - - - - - - - ")
for i in range(len(a)):
    print(str(i+ 1)+ "."+ a[i].text)   # 这里的标题自带序号
```

7.6.1.2 爬取多页评论

完成了爬取单页评价的任务后,接着来爬取多页评价。在商品评价区的下方单击"下一页"按钮可以翻页。多页爬取的基本思路就是用开发者工具找到"下一页"按钮的 XPath 表达式,然后用 selenium 库进行模拟单击。不过这里有一个难点:第 1 页的"下一页"按钮和之后页面的"下一页"按钮的 XPath 表达式不一样。图 7.4 和图 7.5 所示分别为第 1 页和第 2 页的翻页按钮,这两组按钮中的"下一页"的 XPath 表达式是不一样的。

图 7.4　第 1 页的翻页按钮

从第 2 页开始的"下一页"如图 7.5 所示。

图 7.5 从第 2 页开始的"下一页"

用开发者工具获取第 1 页和之后页面的"下一页"按钮的 XPath 表达式,分别为"//*[@id="comment-0"]/div[12]/div/div/a[7]"和"//*[@id="comment-0"]/div[12]/div/div/a[8]"。因此,对于第 1 页可以用如下代码进行翻页:

```
browser.find_element(By.XPATH, '//* [@ id= "comment- 0"]/div[12]/div/div/a[7]').click()#  第 1 页的"下一页"按钮和之后的不一样
```

对于之后的页码,可以用如下代码进行翻页:

```
browser.find_element(By.XPATH, '//* [@ id= "comment- 0"]/div[12]/div/div/a[8]').click()
```

连续翻页代码如下:

```
for i in range(3):
    browser.find_element(By.XPATH, '//* [@ id= "comment- 0"]/div[12]/div/div/a[8]').click()
    time.sleep(3)
```

将上述代码整合到获取网页源代码的代码中,核心代码如下(原理是通过翻页获取各页的源代码,然后以字符串的方式进行汇总):

```
data_all = data
browser.find_element(By.XPATH, '//* [@ id= "comment- 0"]/div[12]/div/div/a[7]').click()   # 第 1 页的"下一页"按钮和之后的不一样
time.sleep(3)
data = browser.page_source
data_all = data_all + data
for i in range(3):
    browser.find_element(By.XPATH, '//* [@ id= "comment- 0"]/div[12]/div/div/a[8]').click()
    time.sleep(3)
    data = browser.page_source
    data_all = data_all + data
```

上面代码的第 1 行是定义变量 data_all,用于汇总各个页面的网页源代码。这里的

data_all = data 是在存储第 1 页的源代码。第 2~5 行代码通过模拟单击第 1 页的"下一页"按钮跳转到第 2 页,休息 3 秒等待页面加载完毕,然后获取第 2 页的页面源代码,通过字符串拼接的方式(data_all = data_all + data)进行汇总。第 7~11 行代码翻页 8 次,获取之后的页面的源代码,并拼接到 data_all 中。

最终,data_all 中存储的就是 10 页的网页源代码,再用之前编写的正则表达式就可以提取这 10 页源代码中的评价信息了。

7.6.1.3 爬取负面评论

有时候我们只关心负面评论(差评),那么只需要在获取源代码之前,模拟单击"差评"按钮即可,如图 7.6 所示。

图 7.6 "差评"按钮

实现思路与前面相同,用开发者工具获取"差评"按钮的 XPath 表达式,再用 selenium 库模拟单击按钮,代码如下:

```
browser.find_element(By.XPATH,'//* [@ id= "comment"]/div[2]/div[2]/div[1]/ul/li[7]/a/em').click()   # 单击"差评"按钮
```

只要模拟单击一次,就会一直显示"差评",之后获取网页源代码并提取评价信息的思路和签名相同。如果只想爬取"好评",思路也类似。

7.6.2 用 Requests 库爬取京东商城网站的商品评价信息

以上是用 selenium 库实现对商品评价信息的爬取,思路比较简单。下面通过分析评价信息的实际请求网址,用 Requests 库进行爬取。

7.6.2.1 分析并获取评价数据接口的网址

首先,要找到评价数据接口的网址。在 Chrome 浏览器中打开 https://item.jd.com/100026667910.html 这个网页,按 F12 键打开开发者工具(或者右击"检查"选项),然后按照下列顺序依次操作:

(1)打开开发者工具并切换到"Network"选项卡。

(2)单击"搜索"按钮。

(3)单击"商品评价"按钮,打开"全部评价",如图 7.7 所示。

图 7.7 通过"商品评价"按钮查找数据接口

(4)复制评价的部分文本,粘贴到搜索框中,按回车键搜索,单击搜索结果。

(5)在弹出的界面中切换到"Preview"选项卡。

(6)展开结果。

(7)在 contents 的 0 中找到刚才复制的评价内容。

具体如图 7.8 所示。

图 7.8 在开发者工具中查看评价内容

完成这些步骤后,离获取评价数据接口的网址就只剩一步了。在图 7.8 的"Preview"选项卡中,切换到"Headers"选项卡,此时"General"下的"Request URL"就是评价数据接口的网址,通过这个网址可以查看评价信息(见图 7.9)。

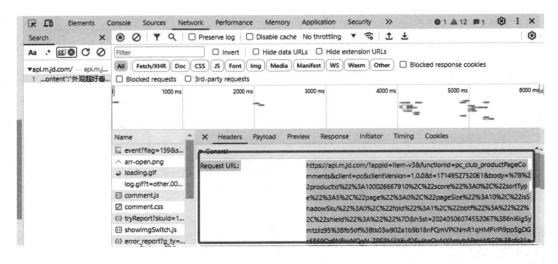

图 7.9 查看数据接口网址

注意,如果把图 7.9 中的网址复制、粘贴到浏览器的地址栏中打开,可以看到如下内容(见图 7.10),这样是被拒绝访问的:

{"code":"605","echo":"the request needs to authenticate","disposal":{"evContent":"{\"evType\":\"3\",\"evUrl\":\"https://cfe.m.jd.com/privatedomain/risk_handler/03101900/\",\"evApi\":\"color_pc_club_productPageComments\",\"lgId\":\"2193\",\"title\":\"京东验证\",\"logo\":\"https://m.360buyimg.com/mobilecal/jfs/t1/165511/29/32282/14417/6409830cFc70e2917/d53aa778441792e0.png\",\"evTypeTip\":\"验证一下,购物无忧\",\"actionTip\":\"快捷验证\",\"fb\":\"0\",\"bottomText\":\"登录后,购物更轻松\"}","rpId":"rp-188853657-10417-1716106836315"}}

图 7.10 用浏览器查看数据接口数据

可以用 Requests 库获取上述网址的网页源代码,代码如下:

```
import requests
headers = {'User-Agent': 'Mozilla/5.0 (Windows NT 10.0; Win64; x64) AppleWebKit/537.36 (KHTML, like Gecko) Chrome/99.0.4844.84 Safari/537.36'}
url = 'https://api.m.jd.com/?appid=item-v3&functionId=pc_club_productPageComments&client=pc&clientVersion=1.0.0&t=1714952752061&body=%7B%22productId%22%3A100026667910%2C%22score%22%3A0%2C%22sortType%22%3A5%2C%22page%22%3A0%2C%22pageSize%22%3A10%2C%22isShadowSku%22%3A0%2C%22fold%22%3A1%2C%22bbtf%22%3A%22%22%2C%22shield%22%3A%22%22%7D&h5st=20240506074552067%3B6ni6ig5ymtziiz95%3Bfb5df%3Btk03w902a1b9b18nFQmVPKNmR1qHMPIrPi9ppSgDGs6B690z9NFkxNQgN-ZPSRM3X6vfDSuIhaOv4cYAmybAPeHAfjG0%3Bcfc21a34bc359a0bcae180ac492c5964849275a2d78877e276712f9568f9cf12%3B4.7%3B1714952752067%3BTKmWRyLkIlyQjx8l2jzBZaPbbL3HEHMZclGk9JTn8i2bi3shfsUk9XkJZfCpzou8HvjI9qpmoR18cewrVKOCyM0jY9hLf6xTLAeyom3-ZNovnyNt9YqOsveqiD_coCFeuntF9lm3M78scIDyhnxjj5Wk56fW
```

```
bM8XCr4_Al6lCYIDKLB5SOZxKh3bvNSjAwS8ze9Qapg1lQ- ufbRNoYSqt49k8soO3mxg0_-
bgJ1giuNiKjrOIn5fcrK4OjBZdjTWuElELiSLJmZgHkhQxb_nOSDsmRApFkJ7IFDn1ZVU1caHXY
0Fp6mLgApUQQsNU7uQDELlxbcrxmhjAfVvrdI0otkJrVlgVdQRhpHCQg8tDCj9nhwNIFpqDzeHK
FOgnRtP2k8YggE7nDk8PeheJO0dl8zjLad9Prk3hGJ0DQIeqffFGvzEemLTD52YgeDqWQHLXbk
3&x- api- eid- token= jdd03NSTDOV6C7WH4FZP5NHJLKY3Z7XFLL6BYTOJSVKRGOXK2LFD
OLQM666DNZ7CLI2ELQNSVPKC64AEUYOPJX62HJHXM6IAAAAMPJMTBARYAAAAADLOIHHI4CTQE
2QX&loginType= 3&uuid= 181111935.17113305044378682233O.1711330504.1713944878.
1714952737.7'
    res = requests.get(url, headers= headers).text
    print(res)
```

观察到以下输出：

{"code":"605","echo":"the request needs to authenticate","disposal":{"evContent":"{\"evType\":\"3\",\"evUrl\":\"https://cfe.m.jd.com/privatedomain/risk_handler/03101900/\",\"evApi\":\"color_pc_club_productPageComments\",\"lgId\":\"2193\",\"title\":\"京东验证\",\"logo\":\"https://m.360buyimg.com/mobilecal/jfs/t1/165511/29/32282/14417/6409830cFc70e2917/d53aa778441792e0.png\",\"evTypeTip\":\"验证一下,购物无忧\",\"actionTip\":\"快速验证\",\"fb\":\"0\",\"bottomText\":\"登录后,购物更轻松~\"}","rpId":"rp-188601254-10066-1714953305363"}}

结果是被拒绝访问，跳转到京东的登录页面了，这时，我们可以伪造一个cookies试试，代码如下：

```
import requests
cookies = {
    'cookie_name': 'cookie_value'
}
response = requests.get('http://example.com', cookies= cookies)
```

还是在开发者工具中，在"Headers"选项卡中继续向下拉，找到Cookie选项，复制后面的值到上面的代码中，运行后就可以获得评价信息了（见图7.11）。

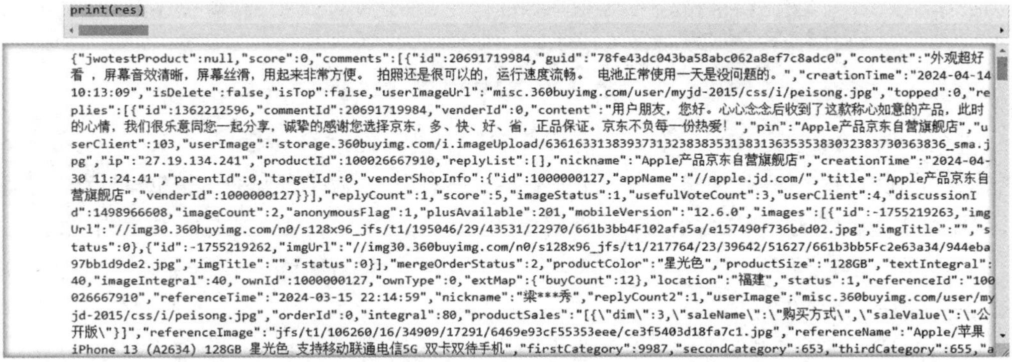

图7.11 复制后面的值到上面的代码中

观察获取的网页源代码，可以发现包含评价内容的网页源代码有如下规律：

"content":"评价内容"

由此编写出用正则表达式提取评价内容的代码如下：

```
import re
p_comment = '"content":"(.*?)"'
comment = re.findall(p_comment,res,re.S)
print(comment)
```

随后进行数据清洗和打印输出，代码如下：

```
print('共'+ str(len(comment))+ '条数据。')
for i in range(len(comment)):
    comment[i] = comment[i].replace(r'\n', '')
    print(str(i+ 1) + '.' + comment[i])
```

7.6.2.2 爬取多页评价

以上爬取的实际上是第 1 页的评价，下面来看爬取多页评价的方法。用和前面相同的方法，手动翻页后，用开发者工具进行分析，获取第 2 页评价的数据接口。与第 1 页的评价数据接口网址对比，发现唯一的区别就是参数 page 由 0 变为 1，可以推算出第 n 页对应的参数 page 是 $n-1$（见图 7.12）。

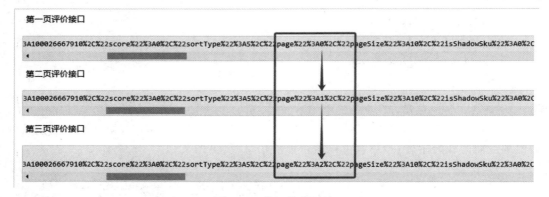

图 7.12　接口数据对比

图 7.12 中，page 后面的一堆百分号是 URL 编码后的字符，因为在 URL 中，某些字符如空格、双引号、冒号等有特殊含义，因此不能直接使用。为了能够在 URL 中传输这些字符，需要将其编码，比如％22 在 URL 编码中表示引号("),％3A 在 URL 编码中表示冒号(:),％2C 在 URL 编码中表示逗号(,),％7B 在 URL 编码中表示左花括号({),％7D 在 URL 编码中表示右花括号(})，等等。

我们把接口网址复制到 Word 文档中，然后用替换功能替换 body 部分的参数就一目了然并且也好理解了。替换后为：

https：// api. m. jd. com/？ appid ＝ item － v3&functionId ＝ pc _ club _ productPageComments&client=pc&clientVersion=1.0.0&t=1714952752061&body={"productId":100026667910,"score":0,"sortType":5,"page":0,"pageSize":10,"isShadowSku":0,"fold":1,"bbtf":"","shield":""}&h5st=……

因此,用for循环语句就可以批量爬取多页评价了,核心代码如下:

```
res_all = ''
for i in range(10):
    url = 'https://api.m.jd.com/?appid=item-v3&functionId=pc_club_productPageComments&client=pc&clientVersion=1.0.0&t=1714952752061&body=%7B%22productId%22%3A100026667910%2C%22score%22%3A0%2C%22sortType%22%3A5%2C%22page%22%3A'+ str(i) +'%2C%22pageSize%22%3A10%2C%22isShadowSku%22%3A0%2C%22fold%22%3A1%2C%22bbtf%22%3A%22%22%2C%22shield%22%3A%22%22%7D&h5st=20240506074552067%3B6ni6ig5ymtziiz95%3Bfb5df%3Btk03w902a1b9b18nFQmVPKNmR1qHMPIrPi9ppSgDGs6B69Oz9NFkxNQgN-ZPSRM3X6vfDSuIhaOv4cYAmybAPeHAfjG0%3Bcfc21a34bc359a0bcae180ac492c5964849275a2d78877e276712f9568f9cf12%3B4.7%3B1714952752067%3BTKmWRyLkIlyQjx8l2jzBZaPbbL3HEHMZclGk9JTn8i2bi3shfsUk9XkJZfCpzou8HvjI9qpmoR18cewrVKOCyM0jY9hLf6xTLAeyom3-ZNovnyNt9YqOsveqiD_coCFeuntF9lm3M78scIDyhnxjj5Wk56fWbM8XCr4_Al6lCYIDKLB5SOZxKh3bvNSjAwS8ze9Qapg1lQ-ufbRNoYSqt49k8soO3mxg0_-bgJ1giuNiKjrOIn5fcrK4OjBZdjTWuElELiSLJmZgHkhQxb_nOSDsmRApFkJ7IFDn1ZVU1caHXY0Fp6mLgApUQQsNU7uQDELlxbcrxmhjAfVvrdI0otkJrVlgVdQRhpHCQg8tDCj9nhwNIFpqDzeHKFOgnRtP2k8YggE7nDk8PeheJO0dl8zjLad9Prk3hGJ0DQIeqffFGvzEemLTD52YgeDqWQHLXbk3&x-api-eid-token=jdd03NSTDOV6C7WH4FZP5NHJLKY3Z7XFLL6BYTOJSVKRGOXK2LFDOLQM666DNZ7CLI2ELQNSVPKC64AEUYOPJX62HJHXM6IAAAAMPJMTBARYAAAAADLOIHHI4CTQE2QX&loginType=3&uuid=181111935.1711330504438622330.1711330504.1713944878.1714952737.7'
    res = requests.get(url, headers=headers, cookies=cookies).text
    res_all = res_all + res  # 也可以简写成res_all += res
```

第1行代码构造了一个空字符串res_all,用来汇总10页的网页源代码。

第2行代码用for循环语句遍历0~9这10个数字。

第3行代码以字符串拼接的方式构造不同页面的网址(这里将参数page调整到了最后,不会影响网址请求),因为i是从0开始的,所以这里可以直接写str(i)。

第4行代码用Requests库获取网页源代码。

第5行代码以字符串拼接的方式将网页源代码汇总到res_all中。

之后用正则表达式即可提取所有页面的评价,完整代码如下:

```python
# 获取多页信息
import requests
import re
headers = {'User-Agent':'Mozilla/5.0 (Windows NT 10.0; Win64; x64) AppleWebKit/537.36 (KHTML, like Gecko) Chrome/99.0.4844.84 Safari/537.36'}
cookies = {
    'Cookie': 'shshshfpa=79d028cf-3873-1486-aadd-7abd8a0eb5cf-1711330504; shshshfpx=79d028cf-3873-1486-aadd-7abd8a0eb5cf-1711330504; __jdu=171133050443786822330; pinId=MYAPbeN8zQlcRkZShrcwnngsXsUrwI4a; pin=84305848-24033795; unick=%E8%B4%9D%E5%A3%B3%E7%B1%BB%E5%8A%A8%E7%89%A9; _tp=zslk6vTSBkV58zmA%2BGNQ2fBnR2gyePdBdIWoMV6En7g%3D; _pst=84305848-24033795; mba_muid=171133050443786822330; TrackID=1BEiX2F03pcOGk25WVovX8vslM2l9fW9RpA1V1kcZfo4unmc4lVI1R7c-6Z0oujHgOzu-j0tTjE8hHswyTbJDTMKHldp9hjehjzuQnYydZIQ; thor=B30016359EE8B7CD3687A5C74DCB813AC98A4FFFC9BB382B231EBC15DF94410B9686F226BF34CECF3660EA10908041580103954738F1E64E0AFE2504246514187B0DD54EB36447ECE448F61E9A671ED9E6C0CA8AADB4024F16872C53FF4012C5C15EFB7222027991A3C2CEDBBC81216D35FBDDF66CFBE36BB35980972E19F9C96435A56A19F4A70BC58BF8B24E838F8B6A273D8AEB337466275D1A6781AD7B71; flash=2_4zD3_f7p9koOH2lZQFjcH-DHK8ctnzjtguIBvZwa7tSbSQWfxyWSOLjE15uLj3If_ZCJaKS-YbGMr8xZ_907IZM7StojOyxHmpbejZFbsgk*; 3AB9D23F7A4B3C9B=NSTDOV6C7WH4FZP5NHJLKY3Z7XFLL6BYTOJSVKRGOXK2LFDOLQM666DNZ7CLI2ELQNSVPKC64AEUYOPJX62HJHXM6I; token=b77079a9cc89fda6913c2c46ac3b41b6,3,952751; __tk=gZfdSYMrkvhPnuHwl1tHnzhalrPQXYf0gtkPRYIyWvfPRYpyAcAqncIYnEpJRWb1gXkvAYIE,3,952751; 3AB9D23F7A4B3CSS=jdd03NSTDOV6C7WH4FZP5NHJLKY3Z7XFLL6BYTOJSVKRGOXK2LFDOLQM666DNZ7CLI2ELQNSVPKC64AEUYOPJX62HJHXM6IAAAAMPJMTBARYAAAAADLOIHHI4CTQE2QX; _gia_d=1; jsavif=1; __jda=181111935.171133050443786822330.1711330504.1713944878.1714952737.7; __jdb=181111935.1.171133050443786822330|7.1714952737; __jdc=181111935; __jdv=181111935|direct|-|none|-|1714952737100; areaId=13; ipLoc-djd=13-1000-1002-40642; shshshfpb=BApXcB4AuSOpAJobfyjT6MhgUE8oxyAQVBlNyAitx9xJ1MnTvHYC2'
}

res_all = ''
for i in range(10):
    url = 'https://api.m.jd.com/?appid=item-v3&functionId=pc_
```

club_productPageComments&client=pc&clientVersion=1.0.0&t=1714952752061&body=%7B%22productId%22%3A100026667910%2C%22score%22%3A0%2C%22sortType%22%3A5%2C%22page%22%3A'+ str(i)+ '%2C%22pageSize%22%3A10%2C%22isShadowSku%22%3A0%2C%22fold%22%3A1%2C%22bbtf%22%3A%22%22%2C%22shield%22%3A%22%22%7D&h5st=20240506074552067%3B6ni6ig5ymtziiz95%3Bfb5df%3Btk03w902a1b9b18nFQmVPKNmR1qHMPIrPi9ppSgDGs6B69Oz9NFkxNQgN-ZPSRM3X6vfDSuIhaOv4cYAmybAPeHAfjG0%3Bcfc21a34bc359a0bcae180ac492c5964849275a2d78877e276712f9568f9cf12%3B4.7%3B1714952752067%3BTKmWRyLkIlyQjx8l2jzBZaPbbL3HEHMZclGk9JTn8i2bi3shfsUk9XkJZfCpzou8HvjI9qpmoR18cewrVKOCyM0jY9hLf6xTLAeyom3-ZNovnyNt9YqOsveqiD_coCFeuntF9lm3M78scIDyhnxjj5Wk56fWbM8XCr4_Al6lCYIDKLB5SOZxKh3bvNSjAwS8ze9Qapg1lQ-ufbRNoYSqt49k8soO3mxg0_-bgJ1giuNiKjrOIn5fcrK4OjBZdjTWuElELiSLJmZgHkhQxb_nOSDsmRApFkJ7IFDn1ZVU1caHXY0Fp6mLgApUQQsNU7uQDELlxbcrxmhjAfVvrdI0otkJrVlgVdQRhpHCQg8tDCj9nhwNIFpqDzeHKFOgnRtP2k8YggE7nDk8PeheJO0dl8zjLad9Prk3hGJ0DQIeqffFGvzEemLTD52YgeDqWQHLXbk3&x-api-eid-token=jdd03NSTDOV6C7WH4FZP5NHJLKY3Z7XFLL6BYTOJSVKRGOXK2LFDOLQM666DNZ7CLI2ELQNSVPKC64AEUYOPJX62HJHXM6IAAAAMPJMTBARYAAAAADLOIHHI4CTQE2QX&loginType=3&uuid=181111935.1711330504437868223 30.1711330504.1713944878.1714952737.7'
    res = requests.get(url, headers= headers,cookies= cookies).text
    res_all = res_all + res   # 也可以简写成 res_all + = res

p_comment = '"content":"(.*?)"'
comment = re.findall(p_comment, res_all)

for i in range(len(comment)):
    comment[i] = comment[i].replace(r'\n', '')
    print(str(i+ 1) + '.' + comment[i])
```

### 7.6.2.3　爬取负面评价

如果只想爬取负面评价,可以用和前面相同的方法,单击页面上的"差评"按钮后,用开发者工具进行分析,即可获取差评的数据接口网址。

与第 1 页评价的数据接口网址对比,可见唯一的区别就是参数 score 的值由 0 变为 1,因此只需把前面代码中网址的参数 score 由 0 改成 1,即可爬取差评。如果要爬取好评,可以用相同的方法进行分析和观察,建议读者自行练习(分析结果是将参数 score 改成 3 即可)。这里需要强调的是,爬虫代码仅供学习与交流使用,请勿用于商业用途。
```

7.7 实验过程

(1)从爬取单页评价入手,爬取评论信息。
(2)加入翻页操作。
(3)汇总整理输出。

7.8 实验报告要求

实验报告的主要内容:完成要求的程序编写,提交源代码和运行结果。

7.9 相关知识链接

7.9.1 ChromeDriver 的安装(以 Windows 系统为例)

7.9.1.1 什么是 ChromeDriver 及其与 Chrome 的区别

ChromeDriver 是一个专为 Chrome 浏览器设计的自动化测试利器。这款工具与 Chrome 浏览器高度兼容,使开发者能够利用 Java、Python 等多种编程语言,轻松实现对 Chrome 浏览器的精准控制。当 ChromeDriver 与功能强大的 Selenium WebDriver 结合使用时,更是能够助力开发者编写和执行一系列自动化测试脚本。ChromeDriver 通过与 Chrome 浏览器的深度通信,精确模拟用户的各种操作行为,从而高效地完成各类自动化测试任务。

综上所述,Google Chrome 作为一款全能的网页浏览器,满足了人们日常上网的各种需求;而 ChromeDriver 则是一款专为自动化测试打造的工具,它通过精确控制 Chrome 浏览器,为开发者提供了强大的测试支持。两者各司其职,共同构成了谷歌公司在浏览器及测试领域的完整解决方案。

7.9.1.2 ChromeDriver 下载

(1)Chrome 浏览器升级及查看 Chrome 浏览器的版本
第 1 步:打开 Chrome 浏览器,单击浏览器右上角的" : ",如图 7.13 所示。

实验 7　爬虫实战 1

图 7.13　Chrome 浏览器设置按钮

第 2 步：单击"帮助"按钮，选择"关于 Google Chrome"，如图 7.14 所示。

图 7.14　Chrome 浏览器的"关于 Google Chrome"按钮

第 3 步：如果打开后 Chrome 浏览器提示正在自动升级，则等待一会儿，下载完成后单击浏览器右边的"重新启动"按钮，重新打开浏览器，如图 7.15 所示。

图 7.15 Chrome 浏览器自动升级后的重新启动提示

第 4 步:打开"关于 Google Chrome",查看当前的版本,图 7.16 中是 122.0.6261.70(要记下这个版本号,因为要安装对应版本的 ChromeDriver)。

图 7.16 查看 Chrome 浏览器的版本号

(2)ChromeDriver 下载

知道了 Chrome 浏览器的版本号，就可以下载相应版本的 ChromeDriver 了。请按照以下步骤进行：

①找到下载页面。

官方网站（推荐）：https://chromedriver.chromium.org/downloads（见图 7.17）。

淘宝网站：http://npm.taobao.org/mirrors/chromedriver/。

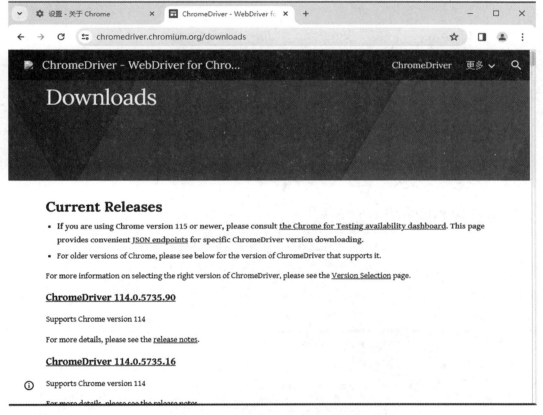

图 7.17　ChromeDriver 官网下载页面

②在下载页面上查找对应版本的 ChromeDriver。

在如图 7.17 所示的界面上单击"the Chrome for Testing availability dashboard"，打开后如图 7.18 所示（网址：https://googlechromelabs.github.io/chrome-for-testing/）。

图 7.18　ChromeDriver 的版本选择和下载页面

向下拉滚动条，寻找 Stable 中的 122.0.6261.* 版本的 ChromeDriver 链接并复制，如图 7.19 所示。122.0.6261.69 版本 win64 的链接地址为 https：//storage.googleapis.com/chrome-for-testing-public/122.0.6261.69/win64/chromedriver-win64.zip。

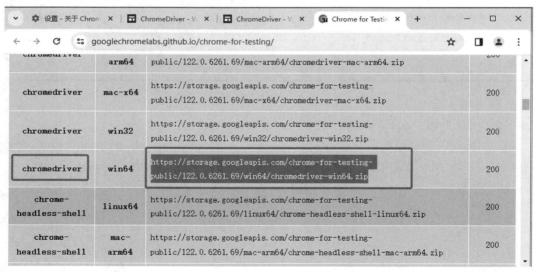

图 7.19　ChromeDriver 的版本和下载链接

③下载与 Chrome 浏览器版本号相匹配的 ChromeDriver 版本。

将复制的网址粘贴到 Chrome 浏览器的地址栏中并按回车键,浏览器会自动下载(如果下载速度比较慢,可以用迅雷等下载工具下载)。

(3)ChromeDriver 安装

①将下载的 chromedriver-win64.zip 文件用解压缩软件(如 WinRAR 等)解压缩,如图 7.20 所示。

图 7.20 ChromeDriver 的压缩包

②将解压出来的 chromedriver.exe 文件复制到 Anaconda 的安装目录下(非必需操作,但强烈建议,这样就不用再在环境变量中设置它的路径了),如图 7.21 所示。Anaconda 的默认安装路径为 C:\ProgramData\Anaconda3(可以右击 Jupyter Notebook 的快捷方式选择"属性",单击"打开文件所在的位置")。

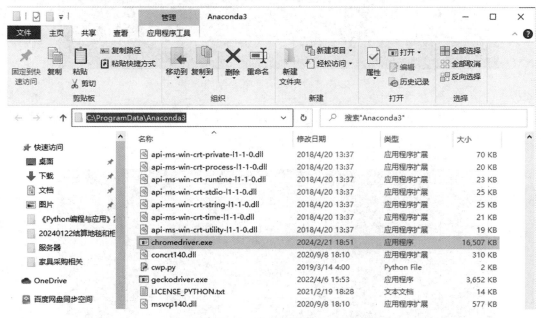

图 7.21 ChromeDriver 的建议保存位置

7.9.2 ChromeDriver 运行测试

7.9.2.1 方法 1

如果 ChromeDriver 是放在 Anaconda 的安装目录下，可以右击屏幕左下角的 Windows 图标，选择"运行"（或者直接按 Windows 键＋R 键），输入 cmd，在命令提示符窗口输入 chromedriver 并按回车键，如图 7.22 和图 7.23 所示。

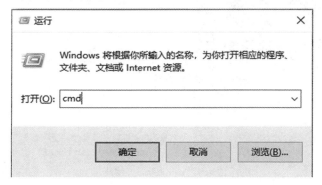

图 7.22　运行 cmd 命令提示符

图 7.23　在 cmd 命令提示符中运行 ChromeDriver

如果出现如图 7.24 所示内容，就表明运行正常（版本号 122.0.6261.69……ChromeDriver was started successfully.）。

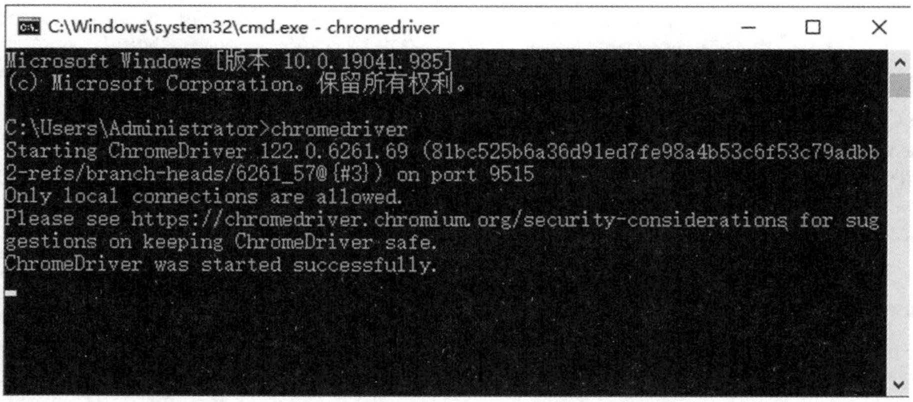

图 7.24　cmd 成功运行 ChromeDriver

7.9.2.2 方法 2

打开 Jupyter Notebook，新建一个 python3 文件，运行下列代码：

```python
from selenium import webdriver
browser = webdriver.Chrome()
url = 'http://www.baidu.com'
browser.get(url)
```

如果 selenium 能调用谷歌浏览器并成功打开百度网站首页，就表明安装成功（见图 7.25）。

图 7.25　selenium 调用 Chrome 浏览器并打开百度首页

7.9.3　安装 selenium 库

第 1 步，在 Anaconda Prompt 或 Anaconda Powershell Prompt 下用 pip install selenium 或 conda install selenium 安装即可。

第 2 步，如果安装速度比较慢，可以自行百度添加国内的 Anaconda 镜像源，如清华、中科大或阿里云的。比如用清华的镜像源安装的命令为：pip install selenium -i https://pypi.tuna.tsinghua.edu.cn/simple。

第 3 步，如果安装提示 urllib3 或 certifi 版本过高无法安装，直接用管理员模式运行 Anaconda Prompt，然后执行命令 pip install selenium-ignore-installed。

第 4 步，安装完成后看看 pip list 有没有 selenium，如果有就可以了。

7.10　参考代码

(1) 用正则表达式爬取单页好评的参考代码如下：

```python
from selenium.webdriver.common.by import By
from selenium import webdriver
import time
import re

options = webdriver.ChromeOptions()
options.add_argument('user-agent="Mozilla/5.0 (Windows NT 10.0; Win64; x64) AppleWebKit/537.36 (KHTML, like Gecko) Chrome/99.0.4844.84 Safari/537.36"')
browser = webdriver.Chrome(options=options)
browser.maximize_window()
url = ' https://item.jd.com/100026667910.html'
browser.get(url)# 这里经常出现登录界面,建议用 Jupyter Notebook 分段调试,可以用京东 App 扫码登录后再调试下面的代码

browser.find_element(By.XPATH, '//*[@id="detail"]/div[1]/ul/li[5]/s').click()
time.sleep(3)
data = browser.page_source
data

p_comment = '<p class="comment-con">(.*?)</p>'
comment = re.findall(p_comment, data)

print("-------------------------------")
print("      ******共有"+ str(len(comment))+ "条数据*****")
print("-------------------------------")
for i in range(len(comment)):
    comment[i] = re.sub('<.*?>', '', comment[i])
    print(str(i+1) + '.' + comment[i])
```

（2）用 bs4 爬取单页好评的参考代码如下：

```python
from selenium.webdriver.common.by import By
from selenium import webdriver
import time
import re

options = webdriver.ChromeOptions()
options.add_argument('user-agent="Mozilla/5.0 (Windows NT 10.0; Win64; x64) AppleWebKit/537.36 (KHTML, like Gecko) Chrome/99.0.4844.84 Safari/537.36"')
browser = webdriver.Chrome(options=options)
browser.maximize_window()
url = 'https://item.jd.com/100026667910.html'
browser.get(url)

browser.find_element(By.XPATH,'//*[@id="detail"]/div[1]/ul/li[5]/s').click()
time.sleep(3)
data = browser.page_source
data
from bs4 import BeautifulSoup
soup= BeautifulSoup(data,'html.parser')
a= soup.select('.comment-con')
print("-----------------------------------------")
print("      ******共有"+ str(len(a))+ "条数据******")
print("-----------------------------------------")
for i in range(len(a)):
    print(str(i+1)+ "."+ a[i].text)
```

（3）翻页汇总所有评价的参考代码如下：

```python
data_all = data
browser.find_element(By.XPATH,'//*[@id="comment-0"]/div[12]/div/div/a[7]').click()
time.sleep(3)
```

```
    data = browser.page_source
    data_all = data_all + data
    for i in range(3):
         browser.find_element(By.XPATH, '//*[@id="comment-0"]/div[12]/div/div/a[8]').click()
         time.sleep(3)
         data = browser.page_source
    data_all = data_all + data

    p_comment = '<p class="comment-con">(.*?)</p>'
    comment = re.findall(p_comment,data_all,re.S)
    comment

    print("共"+ str(len(comment))+ "条数据。")
    for i in range(len(comment)):
        comment[i] = re.sub('<.*?>', '', comment[i])
    print(str(i+1) + '.' + comment[i])
```

（4）通过数据接口直接爬取好评的参考代码如下：

```
    import requests
    import re
    headers = {'User-Agent':'Mozilla/5.0 (Windows NT 10.0; Win64; x64) AppleWebKit/537.36 (KHTML, like Gecko) Chrome/99.0.4844.84 Safari/537.36'}

    res_all = ''
    for i in range(10):
        url = 'https://club.jd.com/comment/productPageComments.action?callback=fetchJSON_comment98&productId=100026667910&score=0&sortType=5&page='+ str(i)+ '&pageSize=10&isShadowSku=0&fold=1'
        res = requests.get(url, headers=headers).text
        res_all += res

    p_comment = '"content":"(.*?)"'
    comment = re.findall(p_comment, res_all)
```

```python
for i in range(len(comment)):
    comment[i] = comment[i].replace(r'\n', '')
    print(str(i+1) + '.' + comment[i])
```

(5) 通过数据接口直接爬取差评的参考代码如下:

```python
import requests
import re
headers = {'User-Agent':'Mozilla/5.0 (Windows NT 10.0; Win64; x64) AppleWebKit/537.36 (KHTML, like Gecko) Chrome/99.0.4844.84 Safari/537.36'}

res_all = ''
for i in range(10):
    url = 'https://club.jd.com/comment/productPageComments.action?callback=fetchJSON_comment98&productId=100026667910&score=1&sortType=5&page='+ str(i)+ '&pageSize=10&isShadowSku=0&fold=1'
    res = requests.get(url, headers=headers).text
    res_all += res

p_comment = '"content":"(.*?)"'
comment = re.findall(p_comment, res_all)

for i in range(len(comment)):
    comment[i] = comment[i].replace(r'\n', '')
    print(str(i+1) + '.' + comment[i])
```

(6) 通过评价的星级爬取京东商品多页差评(从所有页中的全部评价中提取评论的星级,其中★为差评,★★★为中评,★★★★★为好评)的参考代码如下:

```python
from selenium import webdriver
from selenium.webdriver.common.by import By
import time
import re
# 进入浏览器设置
options = webdriver.ChromeOptions()
# 设置中文
options.add_argument('lang=zh_CN.UTF-8')
```

```python
    # 更换user-agent头信息防止被反爬
    options.add_argument('user-agent="Mozilla/5.0 (Windows NT 10.0; Win64; x64) AppleWebKit/537.36 (KHTML, like Gecko) Chrome/99.0.4844.84 Safari/537.36"')
    browser = webdriver.Chrome(options=options)
    url = 'https://item.jd.com/100026667910.html'
    browser.get(url)
    time.sleep(2)

    browser.find_element(By.XPATH,'//*[@id="detail"]/div[1]/ul/li[5]').click()    # 单击"商品评价"按钮
    time.sleep(5)   # 有时候会看不到评价,请用鼠标单击"好评""差评"等按钮（反爬机制?）
    data = browser.page_source   # 获取此时的网页源代码
    data

    data_all = data
    browser.find_element(By.XPATH, '//*[@id="comment-0"]/div[12]/div/div/a[7]').click()   # 第1页的"下一页"按钮和之后的不一样
    time.sleep(3)
    data = browser.page_source
    data_all = data_all + data
    for i in range(13):
        browser.find_element(By.XPATH, '//*[@id="comment-0"]/div[12]/div/div/a[8]').click()
        time.sleep(5)
        data = browser.page_source
    data_all = data_all + data

    p_comment = '<p class="comment-con">(.*?)</p>'
    comment = re.findall(p_comment, data_all)
    comment
    p_comment = '<div class="comment-star star3"></div><p class="comment-con">(.*?)</p>'
    # 如果想获取差评就class="comment-star star1"
    # 中评就class="comment-star star3"
    # 好评就class="comment-star star5"
    comment = re.findall(p_comment, data_all)
    comment
```

实验 8　爬虫实战 2

8.1　实验项目

爬虫实战 2：上海证券交易所问询函及巨潮资讯网 pdf 文件下载。

8.2　实验类型

设计型实验。

8.3　实验目的

爬取上海证券交易所问询函及巨潮资讯网 pdf 文件。

8.4　知识点

(1) selenium 库的使用。
(2) Requests 库的使用。
(3) 正则表达式的使用。
(4) 用 pandas 库快速爬取表格数据。

8.5　实验器材

计算机、Windows 10 操作系统、Anaconda、Jupyter Notebook、安装的 selenium 库。

8.6　实验内容

8.6.1　爬取上海证券交易所问询函 pdf 文件

问询函常被证券交易所当作对上市公司进行监管的重要工具。当交易所作为上市公司的监管主体，在日常监管过程中察觉到上市公司可能存在经营风险或财务舞弊行为时，便会发出问询函。发出问询函的目的在于要求上市公司对相关问题进行详细解释和澄清。如果上市公司无法针对问询函中提出的问题给出合理且令人信服的解答，那么该公司不仅可能会遭到监管机构的严厉处罚，更重要的是，其二级市场上的股票价格也将因此受到显著影响。这种影响可能表现为股价的大幅波动或下跌，进而损害投资者的信心。更为严重的是，如果上市公司持续无法回应或解决监管问询中指出的问题，最终将面临退市的风险,这无疑是对公司长期发展和市场地位的极大威胁。上海证券交易所监管问询函的查询页面如图 8.1 所示,网址为 http://www.sse.com.cn/disclosure/credibility/supervision/inquiries/。

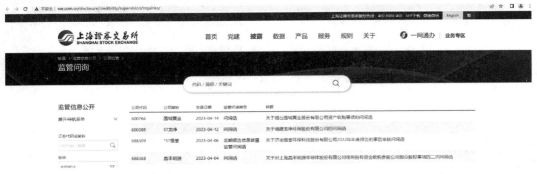

图 8.1　上海证券交易所监管问询函的查询页面

单击图 8.1 中某个问询函的标题,弹出如图 8.2 所示的页面,地址栏中扩展名为".pdf"的网址就是该问询函的 pdf 文件的网址,可以用 Requests 库下载。而实现批量下载的关键就是获取各个问询函的 pdf 文件的网址。

图 8.2　问询函的地址

8.6.1.1　批量下载单个网页上的 pdf 文件

先从批量下载单个网页上的 pdf 文件入手。导入相关库,代码如下:

```
from selenium import webdriver
import time
import re
# 进入浏览器设置
options = webdriver.ChromeOptions()
# 设置中文
options.add_argument('lang=zh_CN.UTF-8')
# 更换 user-agent 头信息防止被反爬
options.add_argument('user-agent="Mozilla/5.0 (Windows NT 10.0; Win64; x64) AppleWebKit/537.36 (KHTML, like Gecko) Chrome/99.0.4844.84 Safari/537.36"')
```

```
browser = webdriver.Chrome(options= options)
browser.maximize_window()# 窗口最大化
url = 'http://www.sse.com.cn/disclosure/credibility/supervision/inquiries/'
browser.get(url)
time.sleep(4) # 这里必须要加4秒的延迟,因为有个刷新的动作需要等待下,
如果网页一直滚动则需要尽快手动刷新一下
data = browser.page_source
print(data)
```

在请求查询页面时有一个加载的过程,所以必须在代码中让程序等待一定时间(这里为4秒)再继续运行,否则用 brower.page_source 获取的网页源代码会不包含所需内容。用开发者工具寻找 pdf 文件网址在网页源代码中的位置,为之后编写正则表达式提取数据做准备,如图 8.3 所示。

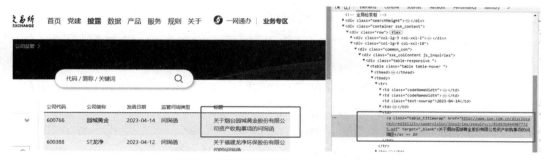

图 8.3 用开发者工具寻找 pdf 文件网址

在 Python 打印输出的网页源代码中,发现包含 pdf 文件网址和问询函标题的网页源代码有如下规律:

<td><a href="PDF 文件网址" target="_blank">问询函标题</a></td>

需要注意的是,在爬取到的网页源代码中,<td>标签(用于定义表格的单元格,名称来自"table data"的缩写)和<a>标签之间没有换行,这与用开发者工具看到的情况不同。编写正则表达式时,应以实际爬取到的网页源代码为准,由此编写出用正则表达式提取问询函标题和 pdf 文件网址的代码如下:

```
import re
p_title = '< td> < a class= ".* ?" href= ".* ?" target= "_blank"> (.* ?)< /a> < /td> '
p_href = '< td> < a class= ".* ?" href= "(.* ?)" target= "_blank"> .* ? < /a> < /td> '
title = re.findall(p_title, data)
href = re.findall(p_href, data)
title, href
```

获取了各个问询函的 pdf 文件网址后，就可以用 Requests 库批量下载文件了，代码如下：

```python
import requests
import os  # 文件处理的库
for i in range(len(href)):
    res = requests.get(href[i])   # 如果以后出现反爬措施了,可以加上 headers
    # print(title[i])
    if("* " in title[i]):
        title[i]= title[i].replace('* ','')# 这个地方如果文件名带*,下载的时候会出错,我们把* 替换掉。
    # print(title[i])
    path = 'downloads\\' + title[i]+ '.pdf'
    saving_path = os.getcwd() + '/downloads/'# os.getcwd()获得当前的文件目录
    if not os.path.exists(saving_path):    # 判断这个路径是否存在,不存在就创建
        os.mkdir(saving_path)
    file = open(path, 'wb')
    file.write(res.content)
    file.close()
    # print("% d个文件已下载,共 d% 个文件"% (i,len(href)))
    print("% s.pdf  已下载"% (title[i]))
    time.sleep(1)
print("共下载% d个文件"% (len(href)))
```

需要注意的有两点：第一，如果用 Requests 库访问网址时遇到了反爬措施，可以通过 headers 参数添加 user-agent 信息（目前可不加）；第二，代码中使用了相对路径，需要在代码文件所在文件夹下提前创建好文件夹"downloads"。

运行代码后，可在指定文件夹下看到下载的问询函 pdf 文件，文件名为问询函标题，如图 8.4 所示。

名称	修改日期	类型	大小
关于烟台园城黄金股份有限公司资产收购事项的问询函.pdf	2023/4/21 9:50	PDF Document	96 KB
关于福建龙净环保股份有限公司的问询函.pdf	2023/4/21 9:50	PDF Document	95 KB
关于济南恒誉环保科技股份有限公司2022年度报告的事后审核问询函……	2023/4/21 9:50	PDF Document	120 KB
关于对上海晶丰明源半导体股份有限公司使用自有资金收购参股公司部……	2023/4/21 9:50	PDF Document	167 KB
关于江苏富淼科技股份有限公司对外投资事项的问询函.pdf	2023/4/21 9:50	PDF Document	184 KB
关于博天环境集团股份有限公司的问询函.pdf	2023/4/21 9:50	PDF Document	97 KB
关于宁波三星医疗电气股份有限公司收购关联方资产事项的问询函.pdf	2023/4/21 9:50	PDF Document	165 KB
关于莲花健康产业集团股份有限公司资产收购事项的问询函.pdf	2023/4/21 9:50	PDF Document	112 KB
关于浙江三星新材股份有限公司控制权转让相关事项的问询函.pdf	2023/4/21 9:50	PDF Document	141 KB
关于中自环保科技股份有限公司开展新业务相关事项的问询函.pdf	2023/4/21 9:50	PDF Document	181 KB

图 8.4　下载的问询函文件

8.6.1.2　用 pandas 库快速爬取表格数据

因为所有的问询函信息都位于一个表格中，所以可以利用 pandas 库快速爬取表格中的数据，代码如下：

```
import pandas as pd# 导入 pandas 库并简写为 pd
table = pd.read_html(data)[0]
table
```

上面的代码中，第 2 行使用 pandas 库中的 read_html 函数提取网页中所有的表格数据，返回结果是一个列表，因此通过[0]提取所需的第 1 张表格（有时也可能是[1]或[2]，读者可以自行尝试，或者用遍历法确定第几张表格是所需内容）。

关于上面这段代码中的 table = pd.read_html(data)[0]，系统会有警告性提示，即 pandas 的 read_html 函数在未来的版本中不再支持直接传入字面量的 HTML 字符串。为了避免这个警告，应该按照提示，将 HTML 字符串包装在一个 StringIO 对象中，然后再传递给 read_html 函数。可以将代码改成下面这样：

```
import pandas as pd# 导入 pandas 库并简写为 pd
from io import StringIO
# 使用 StringIO 对象来读取 HTML
table = pd.read_html(StringIO(data))[0]
table
```

在 Jupyter Notebook 中打印输出 table(直接在代码区块的最后一行输入变量名，不需要使用 print 函数)。需要注意的是，pandas.read_html 函数是用来从 HTML 文件中解析表格数据的。从 pandas 1.2.0 版本起，该函数已经被弃用，并且在未来的版本中可能会被移除。如果使用的是 pandas 1.2.0 或更高版本，应该使用 pandas.read_html 的替代函数，即 pandas.io.html.read_html。如果需要继续使用类似的功能，可以升级到最新版本的 pandas，并使用 pandas.io.html.read_html。如果不想使用 pandas.io.html.read_html，可以使用其他库，如 BeautifulSoup 和 lxml，手动解析 HTML 并加载数据到 pandas DataFrame 中。

8.6.1.3 批量下载多个页面上的 pdf 文件

以上获取的是单个页面上的 pdf 文件网址并进行了批量下载，如果想批量下载多个页面上的 pdf 文件，则需要先获取这些页面的网页源代码，然后提取其中的 pdf 文件网址。常规思路是模拟单击页面上的"下一页"按钮来翻页，获取各个页面的网页源代码后通过字符串拼接的方式进行汇总。不过本案例有一个难点："上一页"按钮和"下一页"按钮的 XPath 表达式都是"// ［@id＝"idStr"］"，因此无法通过模拟单击翻页按钮来获取多页的网页源代码。

解决办法是找到页码输入框的 XPath 表达式，模拟输入页码；再找到"GO"按钮的 XPath 表达式，模拟单击该按钮进行翻页，如图 8.5 所示。

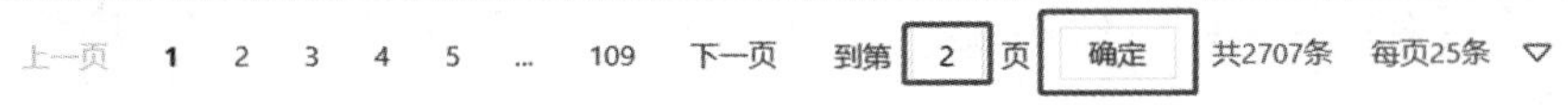

上一页　1　2　3　4　5　…　109　下一页　到第 2 页　确定　共2707条　每页25条 ▽

图 8.5　模拟操作的步骤

首先获取各个页面的网页源代码，核心代码如下：

```
from selenium.webdriver.common.by import By
data_all = ''    # 创建一个空字符串，用来汇总之后各网页的网页源代码
for i in range(3):# 只演示爬取 3 页
    browser.find_element(By.CLASS_NAME,'page_no').send_keys(i+ 1)
    time.sleep(2)   # 为了看清楚自动输入的过程，我们让它暂停 2 秒
    browser.find_element(By.CLASS_NAME,'search').click()
    time.sleep(3)   # 这里必须要加 3 秒的延迟，因为有个刷新的动作需要等待下
    data = browser.page_source
    data_all= data_all+ data
```

第 1 行代码创建了一个空字符串 data_all，用于之后汇总各个页面的网页源代码。第 2～7 行代码通过 for 循环语句遍历 10 页并汇总这些页面的网页源代码。其中第 3 行代码用 XPath 表达式（可在开发者工具中复制）定位页码输入框，然后用 send_keys 函数模拟输入页码，因为 i 是从 0 开始的序号，所以要加上 1 才是页码。第 4 行代码用 XPath 表达式（可在开发者工具中复制）定位"GO"按钮，然后用 click 函数模拟单击按钮。第 5 行和第 6 行代码休息 3 秒后获取当前页面的网页源代码。第 7 行代码用字符串拼接的方式汇总所有页面的网页源代码。

有了所有页面的网页源代码后，就可以用之前学习的正则表达式的方式提取 pdf 文件网址（注意：需要把 findall 函数中的 data 换成这里的 data_all），然后就可以批量下载了。

8.6.1.4　汇总问询函信息并导出为 Excel 工作簿

下面要把问询函查询页面中所有的表格数据连同 pdf 文件网址汇总成一个表格，并导

出为 Excel 工作簿,其中涉及 pandas 库知识。代码如下:

```
from selenium.webdriver.common.by import By
import pandas as pd# 导入 pandas 库并简写为 pd
table_all = pd.DataFrame()
for i in range(5):# 只演示爬取 5 页
    browser.find_element(By.CLASS_NAME,'page_no').send_keys(i+1)
    time.sleep(2)   # 为了看清楚自动输入的过程,我们让它暂停 2 秒
    browser.find_element(By.CLASS_NAME,'search').click()
    time.sleep(3)   # 这里必须要加 3 秒的延迟,因为有个刷新的动作需要等待下
    data = browser.page_source
    p_title = '<td><a class="table_titlewrap" href=".*?" target="_blank">(.*?)</a></td>'
    p_href = '<a class="table_titlewrap" href="(.*?)" target="_blank">.*?</a></td>'
    title = re.findall(p_title, data)
    href = re.findall(p_href, data)
    table = pd.io.html.read_html(data)[0]
    table['网址'] = href
    table_all = table_all._append(table)
```

第 1 行代码创建了一个空的 DataFrame,用于存储之后每页的表格信息。第 4~7 行代码通过模拟输入页码并单击"GO"按钮来翻页,获取每个页面的网页源代码。第 9 行和第 10 行代码解析每页的 pdf 文件网址。第 12 行代码使用 pandas 库的 readhtml 函数提取网页中的表格数据,并通过[0]选取第 1 个表格。第 13 行代码在表格中新增一个"网址"列,其内容为解析出来的 pdf 文件网址。第 14 行代码使用 pandas 库的 append 函数拼接表格,注意,在新版本的 pandas 中,在 DataFrame 对象上使用 append 方法会报错,原因是从 1.4.0 版本开始,系统会抛出弃用警告,从 pandas 2.0 开始,DataFrame.append 和 Series.append 已经删除这个函数。具体可以用 pd.concat 函数代替,如 df=pd.concat([df,pd.DataFrame([new_row])],ignore_index=True)或使用_append()函数。新版本的 pandas 中,可以简单地使用_append()来代替,但不建议使用。append()没有更改为_append(),_append()是一个私有内部函数,append()已从 pandasAPI 中删除。第 16 行代码使用 pandas 库的 toexcel 函数将表格导出为 Excel 工作簿,其中设置 index=False,表示忽略行索引信息。在 Jupyter Notebook 中打印输出 table_all,完整代码如下:

```python
from selenium.webdriver.common.by import By
from selenium import webdriver
import time
import pandas as pd
import re

# 进入浏览器设置
options = webdriver.ChromeOptions()
# 设置中文
options.add_argument('lang=zh_CN.UTF-8')
# 更换user-agent头信息防止被反爬
options.add_argument('user-agent="Mozilla/5.0 (Windows NT 10.0; Win64; x64) AppleWebKit/537.36 (KHTML, like Gecko) Chrome/99.0.4844.84 Safari/537.36"')
browser = webdriver.Chrome(options=options)
url = 'http://www.sse.com.cn/disclosure/credibility/supervision/inquiries/'
browser.get(url)
time.sleep(4)  # 这里必须要加4秒的延迟,因为有个刷新的动作需要等待下,如果网页一直滚动则需要尽快手动刷新一下
table_all = pd.DataFrame()

for i in range(5):  # 只演示爬取5页
    browser.find_element(By.CLASS_NAME,'page_no').send_keys(i+1)
    time.sleep(2)  # 为了看清楚自动输入的过程,我们让它暂停1秒
    browser.find_element(By.CLASS_NAME,'search').click()
    time.sleep(3)  # 这里必须要加3秒的延迟,因为有个刷新的动作需要等待下
    data = browser.page_source
    p_title = '<td><a class="table_titlewrap" href=".*?" target="_blank">(.*?)</a></td>'
    p_href = '<a class="table_titlewrap" href="(.*?)" target="_blank">.*?</a></td>'
    title = re.findall(p_title, data)
    href = re.findall(p_href, data)
    table = pd.io.html.read_html(data)[0]
    table['网址'] = href
    table_all = table_all._append(table)
```

```
    table_all.to_excel('上交所问询函.xlsx', index=False)  # 导出为
Excel,index=False 忽略行索引信息
    time.sleep(2)
    pd.read_excel('上交所问询函.xlsx')
```

8.6.2　通过单击按钮下载巨潮资讯网的 pdf 文件

有的网站的 pdf 文件难以找到其网址,例如,证监会旗下的上市公司信息披露网站巨潮资讯网(http://www.cninfo.com.cn/)上的公告 pdf 文件就很难在网页源代码中找到其网址,只能手动单击"下载"按钮进行下载,如图 8.6 和图 8.7 所示。

图 8.6　单击"下载"按钮下载

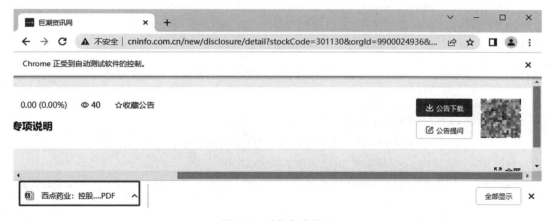

图 8.7　下载完成界面

对于这样的情况,下载的方法也很简单,就是找到这个"下载"按钮的 XPath 表达式,然后用 selenium 库模拟单击按钮,代码如下:

```
from selenium import webdriver
from selenium.webdriver.common.by import By


browser = webdriver.Chrome()
browser.get('http://www.cninfo.com.cn/new/disclosure/detail? e=301130
```

Python 编程与应用实验指导书

```
    stockCod&orgId = 9900024936&announcementId = 1216500600&announcementTime =
2023- 04- 21')
    browser.find_element(By.XPATH, '//* [@ id= "noticeDetail"]/div/div
[1]/div[3]/div[1]/button').click()
```

实现了单个文件的下载后，用 for 循环语句就可以实现多个文件的批量下载，核心代码如下：

```
for i in range(len(href)): # href 是获取的 pdf 文件网址列表
    browser = webdriver.Chrome() # 也可以把这行代码写在函数外部，实现共用一个模拟浏览器访问多个网页，以提高爬取效率
    browser.get(href[i])
    browser.find_element(By.XPATH, '//* [@ id= "noticeDetail"]/div/div
[1]/div[3]/div[1]/button').click()
    time.sleep(3)
    browser.quit()# 如果之前将模拟浏览器定义在函数外部，则需删除或注释这行代码
```

网站 pdf 文件的下载需要一定的时间，所以用第 5 行代码等待 3 秒（如果文件较大，则需增加等待时间），再用第 6 行代码退出模拟浏览器，进入下一轮循环。模拟浏览器的默认下载文件夹位于 C 盘，如果想将文件下载到指定的文件夹，可以设置 chrome_options。只需把原来的代码 browser＝webdriver.Chrome0 换成如下代码，其中"d:\\公告"命令就可以换成自定义的文件夹路径。

```
from selenium import webdriver
from selenium.webdriver.common.by import By
chrome_options = webdriver.ChromeOptions()
prefs = {'profile.default_content_settings.popups': 0, 'download.default_directory': 'd:\\公告'}
chrome_options.add_experimental_option('prefs', prefs)
browser = webdriver.Chrome(options= chrome_options)
browser.get('http://www.cninfo.com.cn/new/disclosure/detail? plate
= sse&orgId = gssh0600519&stockCode = 600519&announcementId =
1208776647&announcementTime= 2020- 11- 23% 2008:21')
    browser.find_element(By.XPATH, '//* [@ id= "noticeDetail"]/div/div
[1]/div[3]/div[1]/button').click()
```

可以看到，其设置方式与无界面浏览器模式的设置方式非常相似，不过不太方便和无界面浏览器模式同时设置。如果更偏向于使用无界面浏览器模式，可以在设置为无界面

浏览器模式后，把下载在 C 盘的文件手动复制到其他位置。

8.6.3 通过数据接口批量下载

巨潮资讯网是中国证监会指定的上市公司信息披露网站，平台提供上市公司公告、公司资讯、公司互动、股东大会网络投票等内容，"一站式"服务资本市场投资者。下面将展示如何批量下载上市公司年报。其中，巨潮资讯网沪深公告网址为 http://www.cninfo.com.cn/new/commonUrl/pageOfSearch?url=disclosure/list/search。进入后，我们在右方"公告速查"选项的"分类"中勾选"年报"，即可筛选出上市公司年报。如何下载这些 pdf 文件呢？基本分两步：第一步是获取巨潮资讯网上市公司年报 pdf 的网址及公司公告标题、公司代码、公司名称等信息；第二步是通过访问 pdf 地址进行下载，按照公司公告标题、公司代码、公司名称进行命名。

8.6.3.1 观察网页

（1）判断网页是静态网页还是动态网页。在浏览网页时，我们可以通过一些特征来判断其是静态网页还是动态网页。当我们进行翻页操作时，如果发现浏览器地址栏中的网址并未发生任何变化，这通常是一个明显的信号，表明我们正在浏览的是一个利用了 ajax 技术的动态网页。ajax 即 Asynchronous JavaScript and XML，允许网页在不重新加载整个页面的情况下，与服务器交换数据并更新部分网页内容，从而提供更为流畅的用户体验。

为了进一步验证这一判断，并探索页面内容的实际存储情况，我们可以采取一些额外的步骤。具体来说，可以在页面上右击，并选择"查看源代码"选项。在打开的源代码窗口中，我们可以尝试搜索特定的内容，比如第一个公司名称"紫晶存储"。如果在源代码中找不到这个公司名称，那么这进一步证实了页面是动态加载内容的。这也意味着我们想要查找的特定信息并没有直接存储在我们当前所看到的这个网页上。

因此，为了获取我们需要的数据，必须进行更深入的分析，以确定数据实际存储在哪个网页或者是通过哪种方式动态加载的。这可能需要我们利用开发者工具来观察网络请求，或者使用其他技术手段来追踪数据的来源。总之，这个过程需要我们对网页技术和数据结构有一定的了解，以便准确地找到并提取出所需的信息。

（2）找到数据的真实网页地址。在谷歌浏览器中右击"检查"，在弹出的列表中单击"Network"，在出现的界面中选择"Fetch/XHR"按钮，刷新页面。单击名为"query"的链接，然后单击"Preview"或者"Response"，可以发现我们需要的数据在这里。

8.6.3.2 请求数据

查看"headers"发现请求方法为 post 请求，拉到最下面，找到"Form Data"，即为 post 请求的数据参数。请求数据的时候，有时需要携带请求头。请求头代码如下：

```python
# 定义下载单页年报pdf的函数
def get_and_download_pdf_flie(pageNum):
    url= 'http://www.cninfo.com.cn/new/hisAnnouncement/query'
    pageNum= int(pageNum)
    data= {'pageNum':pageNum,
        'pageSize':30,
        'column':'szse',
        'tabName':'fulltext',
        'plate':'',
        'stock':'',
        'searchkey':'',
        'secid':'',
        'category':'category_ndbg_szsh',
        'trade':'',
        'seDate':'2021- 03- 26~ 2021- 09- 26',
        'sortName':'',
        'sortType':'',
        'isHLtitle':'true'}
    headers= {'Accept':'* /* ',
        'Accept- Encoding':'gzip, deflate',
        'Accept- Language':'zh- CN,zh;q= 0.9',
        'Connection':'keep- alive',
        'Content- Length':'181',
        'Content - Type ': 'application/x- www- form- urlencoded; charset= UTF- 8',
        'Host':'www.cninfo.com.cn',
        'Origin':'http://www.cninfo.com.cn',
        ' Referer ': ' http://www. cninfo. com. cn/new/commonUrl/pageOfSearch? url= disclosure/list/search',
        ' User - Agent ': ' Mozilla/5. 0 (Windows NT 10. 0; Win64; x64) AppleWebKit/537.36 (KHTML, like Gecko) Chrome/93.0.4577.82 Safari/537.36',
        'X- Requested- With':'XMLHttpRequest'}
    r= requests.post(url,data= data,headers= headers)
```

8.6.3.3 存储数据

由于网页返回的是json格式数据,要想获取需要的公司名称、公司代码、公司公告,通过字典访问即可。那么,如何链接公司公告pdf的网页呢?我们单击第一条公司年报观察，发现其网址后缀存储在 adjunctUrl 里，提取此后缀，再将前缀加上，就可以拿到年报 pdf 的完整链接。拿到 pdf 链接后，如要下载 pdf 文件，需要用 response.content 来写入文件信息。在此补充一下 response.text 与 response.content 的区别。

（1）从返回的数据类型来看，response.text 和 response.content 有着本质的不同。具体来说，response.text 返回的数据类型是 unicode 文本，这意味着它已经将原始的二进制数据解码成了可读的文本形式，方便我们直接进行文本处理和分析；而 response.content 返回的是原始的 bytes 型二进制数据，这种数据格式更适合处理图像、音频、视频或其他非文本文件。简而言之，如果我们希望得到可直接阅读的文本信息，应当选择 response.text；若我们的目标是处理或保存图片、音频等二进制文件，那么 response.content 将是更好的选择。

（2）在数据编码方面，response.content 和 response.text 也有显著的区别。由于 response.content 返回的是原始的二进制数据，因此，如果我们需要将其转换为文本，就必须手动进行解码。这通常通过调用 response.content.decode 函数的方法来实现，并可能需要指定正确的字符编码。相比之下，response.text 在返回时已经根据响应的编码进行了自动解码，默认情况下，它会使用"iso-8859-1"编码进行解码，但如果服务器没有明确指定编码，response.text 会尝试根据网页的响应来猜测并应用合适的编码。这种智能的编码处理方式使得 response.text 在处理文本响应时更为便捷。相关代码如下：

```
    result= r.json()['announcements']# 获取单页年报的数据,数据格式为json。获取json中的年报信息。
    # 对数据信息进行提取
        for i in result:
            if re.search('摘要',i['announcementTitle']):# 避免下载一些年报摘要等不需要的文件
                pass
            else:
                title= i['announcementTitle']
                secName= i['secName']
                secName= secName.replace('* ','')# 下载前要将文件名中带* 号的去掉,因为文件命名规则不能有* 号,否则程序会中断
                secCode= i['secCode']
                adjunctUrl= i['adjunctUrl']
                down_url= 'http://static.cninfo.com.cn/'+ adjunctUrl
                filename= f'{secCode}{secName}{title}.pdf'
                filepath= saving_path+ '\\'+ filename
                r= requests.get(down_url)
                with open(filepath,'wb') as f:
                    f.write(r.content)
                print(f'{secCode}{secName}{title}下载完毕')# 设置进度条
```

8.6.3.4 通过循环,批量下载公司年报

分别单击第 1 页、第 2 页、第 3 页,发现不同页码的动态网页一致,只是 post 参数不一致,第 1 页的"pageNum"是 1,第 2 页的"pageNum"是 2,第 3 页的"pageNum"是 3,以此类推。因此嵌套循环即可,代码如下:

```
for pageNum in range(1,3):# 为演示,下载 1~2 页的年报
    get_and_download_pdf_flie(pageNum) # 执行以上定义的下载单页年报 pdf 的函数
```

全套代码如下:

```
import requests
import re
# 定义爬取函数
# 1.对单个页面进行请求,返回数据信息——以第 1 页为例
saving_path= 'C:\\巨潮资讯年报'# 设置存储年报的文件夹,把文件夹改成你自己的
import requests
def get_and_download_pdf_flie(pageNum):
    url= 'http://www.cninfo.com.cn/new/hisAnnouncement/query'
    pageNum= int(pageNum)
    data= {'pageNum':pageNum,
        'pageSize':30,
        'column':'szse',
        'tabName':'fulltext',
        'plate':'',
        'stock':'',
        'searchkey':'',
        'secid':'',
        'category':'category_ndbg_szsh',
        'trade':'',
        'seDate':'2021- 03- 26~ 2021- 09- 26',
        'sortName':'',
        'sortType':'',
        'isHLtitle':'true'}
    headers= {'Accept':'* /* ',
        'Accept- Encoding':'gzip, deflate',
        'Accept- Language':'zh- CN,zh;q= 0.9',
        'Connection':'keep- alive',
```

```
            'Content-Length':'181',
            'Content-Type':'application/x-www-form-urlencoded;
charset=UTF-8',
            'Host':'www.cninfo.com.cn',
            'Origin':'http://www.cninfo.com.cn',
            'Referer':'http://www.cninfo.com.cn/new/commonUrl/
pageOfSearch?url=disclosure/list/search',
            'User-Agent':'Mozilla/5.0 (Windows NT 10.0; Win64; x64)
AppleWebKit/537.36 (KHTML, like Gecko) Chrome/93.0.4577.82 Safari/537.36',
            'X-Requested-With':'XMLHttpRequest'}
        r= requests.post(url,data= data,headers= headers)
        result= r.json()['announcements']# 获取单页年报的数据,数据格式为
json。获取json中的年报信息
    # 2.对数据信息进行提取
        for i in result:
            if re.search('摘要',i['announcementTitle']):# 避免下载一些年
报摘要等不需要的文件
                pass
            else:
                title= i['announcementTitle']
                secName= i['secName']
                secName= secName.replace('* ','')# 下载前要将文件名中带
* 号的去掉,因为文件命名规则决定了文件名中不能带* 号,否则程序会中断
                secCode= i['secCode']
                adjunctUrl= i['adjunctUrl']
                down_url= 'http://static.cninfo.com.cn/'+ adjunctUrl
                filename= f'{secCode}{secName}{title}.pdf'
                filepath= saving_path+ '\\'+ filename
                r= requests.get(down_url)
                with open(filepath,'wb') as f:
                    f.write(r.content)
                print(f'{secCode}{secName}{title}下载完毕')# 设置进度条
    # 3.设置循环,下载多页的年报
    for pageNum in range(1,3):# 为演示,下载1~2 页的年报
        get_and_download_pdf_flie(pageNum)
```

8.7 实验过程

(1)从爬取单页评价入手,爬取评论信息。

(2)加入翻页操作。
(3)汇总整理输出。

8.8 实验报告要求

(1)按要求的程序编写,提交源代码和运行结果。

(2)参考本节实验课和上节实验课学过的内容,写出使用正则表达式爬取巨潮资讯网首页的"信息披露"中"深沪京"年报公告前 5 页的相关信息的代码。

要求:爬取的信息包括代码、简称、公告标题、公告时间、公告 pdf 的链接地址,汇总这些信息并导出到 csv 或 xlsx 文件中,程序可以实现根据链接地址自动下载的功能(不需要下载,能实现该功能即可),源代码的文件格式为 ipynb,如图 8.8 所示。

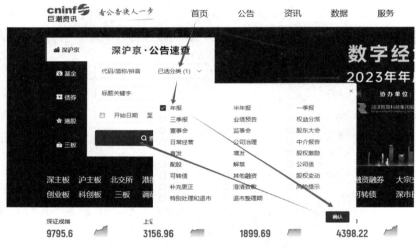

图 8.8 巨潮网络查询过程

下面这段代码是模拟上述网络查询过程:

```
from selenium import webdriver
from selenium.webdriver.common.by import By
import time

chrome_options = webdriver.ChromeOptions()
driver = webdriver.Chrome(options= chrome_options)
driver.maximize_window()# 窗口最大化
driver.get('http://www.cninfo.com.cn/new/index')
driver.find_element(By.XPATH, '//* [@ id= "searchTab"]/div[2]/div[2]/div/div[2]').click()# 选择并单击分类下拉菜单
# 先找到弹出的模态框
modal = driver.find_element(By.CSS_SELECTOR ,'.el- popover.el- popper.s- pop')   # 注意这里不能用 XPATH
```

```
# 等待模态框变得可见(如果需要)
# WebDriverWait(driver, 10).until(EC.visibility_of_element_located
((By.CSS_SELECTOR ,'.el- popover.el- popper.s- pop')))
    modal.find_element(By.CSS_SELECTOR ,'.el- checkbox- group > label:nth-
child(1)').click()# 选择"年报"按钮(第一个 label,这里也不能用 XPATH)并单击
    time.sleep(1)
    modal.find_element(By.CSS_SELECTOR ,'.el- button.el- button- -
primary.el- button- - mini').click() # 找到"确定"按钮并单击 (这里也不能用
XPATH)
    time.sleep(1)
    driver.find_element(By.XPATH, '//* [@ id= "searchTab"]/div[2]/div
[5]/button').click()# 单击"查询"按钮
```

8.9 参考代码

(1)用正则表达式爬取巨潮资讯网前 5 页信息的参考代码如下:

```
from selenium import webdriver
from selenium.webdriver.common.by import By
import time
import re
import pandas as pd

browser = webdriver.Chrome()
browser.maximize_window()
url = 'http://www.cninfo.com.cn/new/commonUrl? url = disclosure/list/notice# sse'
browser.get(url)
time.sleep(3) # 这里必须要加 3 秒的延迟,因为有个刷新的动作需要等待下
data = browser.page_source

data_all= data
# 翻页
for i in range(4):# 第一页不用点
    browser.find_element(By.XPATH, '//* [@ id= "main"]/div[2]/div[1]/div[1]/div[3]/div/button[2]').click()
    time.sleep(2)
    data = browser.page_source
    data_all = data_all + data
```

```python
    p_title = '< a target= "_blank" href= "/new/disclosure/detail[?]stockCode= .* ? class= "ahover"> (.* ?)< /a> '
    p_href = '(/new/disclosure/detail[?]stockCode= .* ? announcementId= .* ? orgId= .* ? announcementTime= .* ?) '
    p_code= '< span class= "code"> (.* ?)< /span> '
    p_shortened= '< span title= ".* ?" class= "code"> (.* ?)< /span> '
    p_time= '< span class= "date"> (.* ?)< /span> '
    title = re.findall(p_title,data_all,re.S)
    href = re.findall(p_href, data_all)
    code= re.findall(p_code, data_all)
    shortened= re.findall(p_shortened, data_all)
    times= re.findall(p_time, data_all)

    title2= []
    for i in title:
        i= i.replace('\n','').strip()# 去掉前后的\n 和空格
        title2.append(i)

    href2= []
    for i in href:
        href2.append("http://www.cninfo.com.cn"+ re.sub('amp;','',i))# 通过拼接字符串的形式加上域名替换掉没用的 amp,从而得到正确的 url
    table_D= pd.DataFrame({'代码':code,'简称':shortened,'公告标题':title2,'公告链接':href2,'公告时间':times})
    table_D.to_excel('巨潮资讯网前 5 页信息.xlsx', index= False)  # 导出为 Excel,index= False 忽略行索引信息
    pd.read_excel('巨潮资讯网前 5 页信息.xlsx')# 我们用 pandas 读取看看是否一致
```

(2)用 bs4 爬取巨潮资讯网前 5 页信息的参考代码如下:

```python
from selenium import webdriver
from selenium.webdriver.common.by import By
import time
from bs4 import BeautifulSoup
import pandas as pd

browser = webdriver.Chrome()
browser.maximize_window()
url = 'http://www.cninfo.com.cn/new/commonUrl? url= disclosure/list/notice# sse'
```

```python
browser.get(url)
time.sleep(3) # 这里必须要加 3 秒的延迟,因为有个刷新的动作需要等待下
data = browser.page_source
data

data_all= data
# 翻页
for i in range(4):# 第一页不用点
    browser.find_element(By.XPATH,'//*[@ id= "main"]/div[2]/div[1]/div[1]/div[3]/div/button[2]').click()
    time.sleep(2)
    data = browser.page_source
    data_all = data_all + data
data_all

soup= BeautifulSoup(data_all,'html.parser')
alldatalists= soup.find_all(name= "div",attrs= {"class":"jc- layout tab- ct"})
# alldatalists= soup.find_all(name= "div",attrs= {"class":"jc- layout tab- ct"}).find_all("a",{'class':'ahover'})
# 这样连写是不行的……前一个 find_all 的结果是列表,列表是不能再 find_all 的(列表的元素可以);find.find_all 是可以的
print(len(alldatalists))
print(alldatalists)

temp_aCode= []# 暂时存放代码的列表
temp_aShort= []# 暂时存放简称的列表
temp_aTitle= []# 暂时存放公告标题的列表
temp_aUrl1= []# 暂时存放代码链接的列表
temp_aUrl2= []# 暂时存放简称链接的列表
temp_aUrl3= []# 暂时存放公告标题链接的列表
temp_aDate= []# 暂时存放公告时间的列表
for i in alldatalists:
    aa= i.find_all("a",{'class':'ahover'})
    date2= i.find_all("span",{'class':'date'})
    for i in range(len(aa)):
        # print(item.text)
```

```
            if(i% 3= = 0):
                temp_aCode.append(aa[i].text)
                temp_aUrl1.append(aa[i].get('href'))
            if(i% 3= = 1):
                temp_aShort.append(aa[i].text)
                temp_aUrl2.append(aa[i].get('href'))
            if(i% 3= = 2):
                temp_aTitle.append(aa[i].text.strip())
                temp_aUrl3.append(aa[i].get('href'))
        # print(len(date2))
        for dates in date2:
            # print(dates.text)
            temp_aDate.append(dates.text)

    href2= []
    for i in temp_aUrl3:
        href2.append("http://www.cninfo.com.cn"+ i)# 通过拼接字符串的形式加上域名替换掉没用的 amp,从而得到正确的 url

    table_D= pd.DataFrame({'代码':temp_aCode,'简称':temp_aShort,'公告标题':temp_aTitle,'公告链接':href2,'公告时间':temp_aDate})

    table_D.to_excel('bs4 爬取巨潮资讯公告沪市前 5 页.xlsx', index= False)
    # 导出为 Excel,index= False 忽略行索引信息
    pd.read_excel('bs4 爬取巨潮资讯公告沪市前 5 页.xlsx')# 我们用 pandas 读取看看是否一致

    for i in range(len(href2)):
        browser = webdriver.Chrome()
        browser.maximize_window()
        browser.get(href2[i])
        time.sleep(3)
        browser.find_element(By.XPATH,'//* [@ id= "noticeDetail"]/div/div[1]/div[3]/div[1]/button').click()
        print(temp_aTitle[i].strip()+ ".pdf  已下载!")
        print("共% d 个,已下载% d 个,% d 个未下载"% (len(href2),i+ 1,(len(href2)- i- 1)))
```

```
time.sleep(3)
browser.quit()
if(i= = len(href2)):
    print("全部下载完毕!")
```

(3)用 pd+re 爬取巨潮资讯网前 5 页信息的代码如下:

```
from selenium import webdriver
from selenium.webdriver.common.by import By
import time
import pandas as pd
import re

options = webdriver.ChromeOptions()
options.add_argument('lang= zh_CN.UTF- 8')
options.add_argument('user- agent= "Mozilla/5.0 (Windows NT 10.0; Win64; x64) AppleWebKit/537.36 (KHTML, like Gecko) Chrome/100.0.4896.60 Safari/537.36"')
browser = webdriver.Chrome(options= options)
browser.maximize_window()
url = ' http://www.cninfo.com.cn/new/commonUrl? url = disclosure/list/notice# sse'
browser.get(url)


data_all = data
tableX= []
tableX.append(pd.io.html.read_html(data)[1])
for i in range(4):# 爬取前 5 页,加上之前的第一页
    browser.find_element(By.XPATH, '//* [@ id= "main"]/div[2]/div[1]/div[1]/div[3]/div/button[2]').click()
    time.sleep(6)
    data2 = browser.page_source
    tableX.append(pd.io.html.read_html(data2)[1])
    data_all = data_all + data2

table2= pd.DataFrame()# 定义一个空的 dataframe,用来放最后的表格
for i in tableX:
    i.columns= ['代码','简称','公告标题','公告时间']
```

```
        table2 = pd.concat([table2,i],axis=0)# 行追加

    table2 = pd.DataFrame()# 定义一个空的dataframe,用来放最后的表格
    for i in tableX:
        i.columns = ['代码','简称','公告标题','公告时间']
        table2 = table2._append(i)# 行追加

    p_title = '<a target="_blank" href="/new/disclosure/detail[?]stockCode=.*?class="ahover">(.*?)</a>'
    p_href = '(/new/disclosure/detail[?]stockCode=.*?announcementId=.*?orgId=.*?announcementTime=.*?)'
    href = re.findall(p_href,data_all,re.S)
    title = re.findall(p_title,data_all,re.S)

    for i in range(len(href)):
        href[i] = 'http://www.cninfo.com.cn'+ href[i]
        if("amp;" in href[i]):
            href[i] = href[i].replace('amp;','')

    table2['网址'] = href
    table2.duplicated(subset=['网址']).sum()# 检测网址列是否有重复值
    table2.to_excel('pd+re爬取巨潮资讯公告沪市前5页.xlsx',index=False)  # 导出为Excel,index=False忽略行索引信息
    pd.read_excel('pd+re爬取巨潮资讯公告沪市前5页.xlsx')# 我们用pandas读取看看是否一致

    for i in range(len(href)):
        browser = webdriver.Chrome()
        browser.get(href[i])
        time.sleep(2)
        browser.find_element(By.XPATH,'//*[@id="noticeDetail"]/div/div[1]/div[3]/div[1]/button').click()
        print(title[i].strip()+ "  已下载!")
        print("合计%d个,已经下载%d个,还有%d个未下载"%(len(href),i+1,(len(href)-i-1)))
        time.sleep(3)
        browser.quit()
        if(i == len(href)):
            print("全部下载完毕!")
```

(4)用 requests 从数据接口爬取巨潮资讯网前 5 页信息的参考代码如下:

```python
import requests
import re
import time
import pandas as pd
import os  # 文件处理的库

# 定义爬取函数
# 1.对单个页面进行请求,返回数据信息——以第一页为例

saving_path = os.getcwd() + '/downloads/'# os.getcwd()获得当前的文件目录
if not os.path.exists(saving_path):   # 判断这个路径是否存在,不存在就创建
    os.mkdir(saving_path)
url= 'http://www.cninfo.com.cn/new/disclosure'
# 2.设置循环,下载多页的年报
data_all= []
codelist,namelist,titlelist,urllist,datelist= [],[],[],[],[]# 定义5个分别存放代码、简称、标题、链接和日期的列表
for pageNum in range(1,3):# 为演示,下载1~2页的年报
    data= {
        'column': 'sse_latest',
        'pageNum': pageNum,
        'pageSize': '30',
        'sortName': '',
        'sortType': '',
        'clusterFlag': 'false',}
    headers= {
        'Accept': '*/*',
        'Accept- Encoding': 'gzip, deflate',
        'Accept- Language': 'zh- CN,zh;q= 0.9',
        'Connection': 'keep- alive',
        'Content- Length': '77',
        'Content- Type': 'application/x- www- form- urlencoded;charset= UTF- 8',
```

```python
            'Cookie': 'JSESSIONID=1DF545BAA81D0C616DE9334F989957FD; insert_cookie=37836164; _sp_ses.2141=*; routeId=.uc1; SID=7039757b-b3c5-4aef-90c4-fe5c77424853; _sp_id.2141=fb6a6994-3cef-4c80-bd24-c01d9720c316.1682042183.8.1684465791.1683763384.7cf19d97-de92-4691-a1c0-7b5c2030be26',
            'Host': 'www.cninfo.com.cn',
            'Origin': 'http://www.cninfo.com.cn',
            'Referer': 'http://www.cninfo.com.cn/new/commonUrl?url=disclosure/list/notice',
            'User-Agent': 'Mozilla/5.0 (Windows NT 10.0; Win64; x64) AppleWebKit/537.36 (KHTML, like Gecko) Chrome/111.0.0.0 Safari/537.36',
            'X-Requested-With': 'XMLHttpRequest', }
    r = requests.post(url, data=data, headers=headers)
    result = r.json()['announcements']  # 获取单页年报的数据,数据格式为json。获取json中的年报信息
    # print(result)
    for i in result:
        if re.search('摘要', i['announcementTitle']):  # 避免下载一些年报摘要等不需要的文件
            pass
        else:
            title = i['announcementTitle']
            titlelist.append(title)
            secName = i['secName']
            secName = secName.replace('*', '')  # 下载前要将文件名中带*号的去掉,因为文件命名不能带*号,否则程序会中断
            namelist.append(secName)
            secCode = i['secCode']
            codelist.append(secCode)
            adjunctUrl = i['adjunctUrl']
            down_url = 'http://static.cninfo.com.cn/' + adjunctUrl
            filename = f'{secCode}{secName}{title}.pdf'
            filepath = saving_path + '\\' + filename
            urllist.append(down_url)
            secTime = i['announcementTime']
            timeStamp = secTime
            timeArray = time.localtime(int(str(timeStamp)[0:10]))
```

```
                formatTime = time.strftime("%Y-%m-%d", timeArray)
                datelist.append(formatTime)
                r= requests.get(down_url)
                with open(filepath,'wb') as f:
                    f.write(r.content)
                print(f'{secCode}{secName}{title}    下载完毕')# 设置进
度条
    table_D= pd.DataFrame({'代码':codelist,'简称':namelist,'公告标题':
titlelist,'公告链接':urllist,'公告时间':datelist})

    table_D.to_excel('4.巨潮资讯网前5页信息.xlsx', index= False)  # 导
出为Excel,index= False忽略行索引信息
    pd.read_excel('4.巨潮资讯网前5页信息.xlsx')# 我们用pandas读取看看
是否一致
```

实验 9　　数据可视化

9.1　实验项目

数据可视化。

9.2　实验类型

设计型实验。

9.3　实验目的

（1）掌握折线图的作用与绘制方法。
（2）掌握柱形图的作用与绘制方法。
（3）掌握条形图的作用与绘制方法。
（4）掌握散点图的作用与绘制方法。

9.4　知识点

（1）折线图的绘制方法。
（2）柱形图的绘制方法。
（3）条形图的绘制方法。
（4）散点图的绘制方法。

9.5　实验原理

（1）使用 Jupyter Notebook 来编写 Python 程序。
（2）导入 matplotlib.pyplot 和 seaborn 库。
（3）使用 seaborn 和 matplotlib 库提供的函数来编写代码。

9.6　实验器材

计算机、Windows 10 操作系统、Anaconda、Jupyter Notebook。

9.7　实验内容

（1）折线图的绘制方法。
（2）柱形图的绘制方法。

(3)条形图的绘制方法。
(4)散点图的绘制方法。

9.8 实验报告要求

实验报告的主要内容:完成要求的程序编写,提交源代码和运行结果。

9.9 相关知识链接

9.9.1 常用颜色的字母表示及缩写

(1)red 表示红色,简写为 r。
(2)green 表示绿色,简写为 g。
(3)blue 表示蓝色,简写为 b。
(4)yellow 表示黄色,简写为 y。
(5)cyan 表示蓝绿色,简写为 c。
(6)magenta 表示粉紫色,简写为 m。
(7)black 表示黑色,简写为 k。
(8)white 表示白色,简写为 w。

9.9.2 T10 调色盘

在 matplotlib 中,默认的颜色盘通过参数 rcParams["axes.prop_cycle"]来指定,初始的调色盘就是 T10 调色盘。T10 调色盘适用于离散分类,其颜色名称以"tab:"为前缀,具体包含以下 10 种颜色:

(1)tab:blue。
(2)tab:orange。
(3)tab:green。
(4)tab:red。
(5)tab:purple。
(6)tab:brown。
(7)tab:pink。
(8)tab:gray。
(9)tab:olive。
(10)tab:cyan。

在 matplotlib 中,默认就是通过这个 T10 调色盘来给不同的 label 上色的,代码如下:

```
plt.pie(x= [1,1,1,1,1,1,1,1,1,1])
```

9.9.3 CN 式写法

CN 式写法以字母 C 为前缀,后面加从 0 开始的数字索引,其索引的对象为 rcParams["axes.prop_cycle"]指定的调色盘,所以默认情况下,下列写法和 T10 调色盘的输出完全一致：

```
plt.pie(x= [1,1,1,1,1,1,1,1,1,1],colors= ['C0', 'C1', 'C2', 'C3', 'C4', 'C5', 'C6', 'C7', 'C8', 'C9'])
```

当我们修改调色盘时，CN 式写法对应的颜色也会发生变化，代码如下：

```
import matplotlib as mpl
from cycler import cycler
mpl.rcParams['axes.prop_cycle'] = cycler(color= ['r', 'g', 'b', 'y', 'c', 'm', 'k'])
plt.pie(x= [1,1,1,1,1,1,1], colors= ['C0','C1', 'C2', 'C3', 'C4', 'C5', 'C6'])
```

9.9.4 xkcd 颜色名称

xkcd 调色盘是通过对上万名参与者进行调查而总结出的 954 种最常用的颜色，官方网站为 https://xkcd.com/color/rgb/。在 matplotlib 中，通过"xkcd:"前缀加对应的颜色名称进行使用，而且是不区分大小写的，代码如下：

```
plt.pie(x= [1,2,3,4], colors= ['xkcd:blue', 'xkcd:orange', 'xkcd:green','xkcd:red'])
```

9.9.5 X11/CSS4 颜色名称

X11 系列颜色通过名称来对应具体的颜色编码，后来的 CSS 颜色代码也是在其基础上发展而来的。在 matplotlib 中，X11/CSS4 相关的颜色名称和十六进制编码存储在一个字典中，可以通过以下代码查看：

```
Import matplotlib._color_data as mcd
For key in mcd.CSS4_COLORS:
    print('{}: {}'.format(key, mcd.CSS4_COLORS[key]))
```

部分结果如下：
'aliceblue'：'＃F0F8FF'，
'antiquewhite'：'＃FAEBD7'，
'aqua'：'＃00FFFF'，
'aquamarine'：'＃7FFFD4'，
'azure'：'＃F0FFFF'，
'beige'：'＃F5F5DC'，
'bisque'：'＃FFE4C4'，
'black'：'＃000000'，
'blanchedalmond'：'＃FFEBCD'，
'blue'：'＃0000FF'，

'blueviolet': '#8A2BE2',

通过颜色名称来使用 X11/CSS4 颜色,代码如下:

```
plt.pie(x=[1,2,3,4], colors=['aliceblue','antiquewhite','aqua','aquamarine'])
```

9.9.6 十六进制颜色代码

十六进制的颜色代码可以精确地指定颜色,在 matplotlib 中当然也支持,代码如下:

```
plt.pie(x=[1,2,3,4], colors=['#1f77b4','#ff7f0e','#2ca02c','#d62728'])
```

9.9.7 RGB/RGBA 元组

所有的颜色都是由 RGB 三原色构成的,在 matplotlib 中,可以通过一个元组来表示红(red)、绿(green)、蓝(blue)三原色的比例,以及一个可选的 alpha 值来表示透明度,取值范围都是 0~1,代码如下:

```
plt.pie(x=[1,2,3,4], colors=[(0.1, 0.2, 0.5),(0.1, 0.3, 0.5),(0.1, 0.4, 0.5),(0.1, 0.5, 0.5)])
```

9.9.8 灰度颜色

在 matplotlib 中,通过 0~1 之间的浮点数来对应灰度梯度,在使用时,为了有效区分,需要通过引号将其转换为字符,代码如下:

plt.pie(x=[1,2,3,4], colors=['0','0.25','0.5','0.75'])

通过上述几种方式,可以灵活地指定我们需要的颜色。

9.10 参考代码

(1)绘制折线图的参考代码如下:

```
import numpy as np
import math
import matplotlib.pyplot as plt
from matplotlib import rcParams
rcParams['font.family'] = 'SimHei'# 这两行代码为了解决标题乱码的问题
# 折线图常用于表示随着时间的推移某指标的变化趋势,使用的是 plt 库中的 plot 方法
# plot 方法的具体参数如下:
# plt.plot(x, y, color, linestyle, linewidth, marker, markeredgeclor, markeredgwidth, markerfacecolor, markersize, label)
```

```
# 其中,参数 x、y 分别表示 x 轴和 y 轴的数据;color 表示折线图的颜色,
linestyle 表示线的风格,linewith 表示线的宽度
# 绘制某公司 1~9 月份注册用户量的折线图
plt.subplot(1,1,1)# 建立一个坐标系
x= np.array([1,2,3,4,5,6,7,8,9])# 指定 x 值
y= np.array([886,2335,5710,6482,6120,1605,3813,4428,4631])
plt.plot(x,y,color= 'r',linestyle= 'dashdot',linewidth= 1,marker= 'o',markersize= 5,label= '注 册 用 户 数')# 绘图
plt.title('某公司 1~9 月注册用户量',loc= 'center')# 设置标题名及标题的位置
# 添加数据标签
for a,b in zip(x,y):
    plt.text(a,b,b,ha= 'center',va= 'bottom',fontsize= 10)
plt.grid(True) # 设置网格线
plt.legend() # 设置图例,调用显示出 plot 的 label
plt.show()
plt.savefig(r'C:\Users\Administrator\Desktop\8.1.jpg')# 保存到本地
```

运行结果如图 9.1 所示。

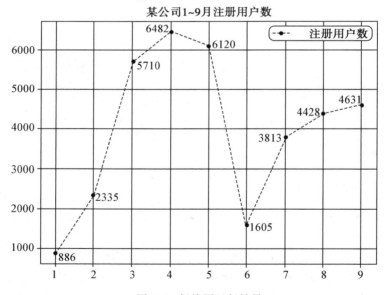

图 9.1　折线图运行结果

(2)绘制柱形图的参考代码如下:

```
import numpy as np
import math
import matplotlib.pyplot as plt
```

```python
from pylab import *
mpl.rcParams['font.sans-serif'] = ['SimHei']

# 柱形图常用于比较不同类别之间的数据情况,使用的是 plt 库中的 bar 方法
# bar 方法实现如下:
plt.bar(x,height,width= 0.8,bottom= None,align= 'center',color,edgecolor)
# 其中,height 表示每根柱子的高度,width 表示每根柱子的宽度,bottom 表示每根柱子的底部位置,每根柱子的底部位置可以一样,也可以不一样;
# align 表示柱子的位置与 x 值的关系,有 center、edge 两个参数可选,center 表示柱子位于 x 值的中心位置,edge 表示柱子位于 x 值的边缘位置;color 表示颜色;edgecolor 表示柱子边缘的颜色
# 绘制一张全国各分区任务量的普通柱形图
plt.subplot(1,1,1)# 建立一个坐标系
x= np.array(['东区','北区','南区','西区'])
y= np.array([8566,6482,5335,7310])
plt.bar(x,y,width= 0.5,align= 'center',label= '任务量',color= ['r','g','b','k'])# 绘图
plt.title('全国各分区任务量',loc= 'center')# 设置标题
for a,b in zip(x,y):
    plt.text(a,b,b,ha= 'center',va= 'bottom',fontsize= 10) # 添加数据标签
plt.xlabel('分区')# 设置 x 轴坐标
plt.ylabel('任务量')# 设置 y 轴坐标
plt.legend() # 显示图例
plt.show()
# 簇状柱形图常用来表示不同类别随着同一变量的变化情况,使用的同样是 plt 库中的 bar 方法,只不过需要调整柱子的显示位置
# 如绘制全国各分区任务量和完成量的簇状图形图
plt.subplot(1,1,1)# 建立一个坐标系
x= np.array([1,2,3,4])
y1= np.array([8566,6482,5335,7310])# 任务量
y2= np.array([4283,2667,3655,3241])# 任务量
plt.bar(x,y1,width= 0.3,label= '任务量')# 柱形图的宽度为 0.3
plt.bar(x+ 0.3,y2,width= 0.3,label= '完成量')# x+ 0.3 相当于把完成量的每个柱子向右移动 0.3
plt.title('全国各分区任务量',loc= 'center')# 设置标题
```

```python
    for a,b in zip(x,y1):
        plt.text(a,b,b,ha= 'center',va= 'bottom',fontsize= 12) # 添加数据标签
    for a,b in zip(x+ 0.3,y2):
        plt.text(a,b,b,ha= 'center',va= 'bottom',fontsize= 12) # 添加数据标签
    plt.xlabel('分区')# 设置 x 轴坐标
    plt.ylabel('任务情况')# 设置 y 轴坐标
    # 设置 x 轴刻度值
    plt.xticks(x+ 0.15,['东区','南区','西区','北区'])
    # 设置网格线
    plt.grid(False)
    plt.legend() # 显示图例
    plt.show()
    # 堆积柱形图实例
    # 堆积柱形图常用来比较同类别各变量和不同类别变量的总和差异,使用的同样是 plt 库中的 bar 方法,只要在相同的 x 位置绘制不同的 y,y 就会自动叠加
    # 如,绘制全国各分区任务量和完成量的堆积柱形图
    plt.subplot(1,1,1)# 建立一个坐标系
    x= np.array([1,2,3,4])
    y1= np.array([8566,6482,5335,7310])# 任务量
    y2= np.array([4283,2667,3655,3241])# 任务量
    plt.bar(x,y1,width= 0.3,label= '任务量')
    plt.bar(x,y2,width= 0.3,label= '完成量')
    plt.title('全国各分区任务量和完成量',loc= 'center')# 设置标题
    for a,b in zip(x,y1):
        plt.text(a,b,b,ha= 'center',va= 'top',fontsize= 12) # 添加数据标签
    for a,b in zip(x,y2):
        plt.text(a,b,b,ha= 'center',va= 'bottom',fontsize= 12) # 添加数据标签
    plt.xlabel('分区')# 设置 x 轴坐标
    plt.ylabel('任务情况')# 设置 y 轴坐标
    # 设置 x 轴刻度值
    plt.xticks(x,['东区','南区','西区','北区'])
    # 设置网格线
    plt.grid(False)
```

```
plt.legend(loc= 'upper center',ncol= 2) # 显示图例
plt.show()
```

柱形图运行结果如图 9.2、图 9.3 和图 9.4 所示。

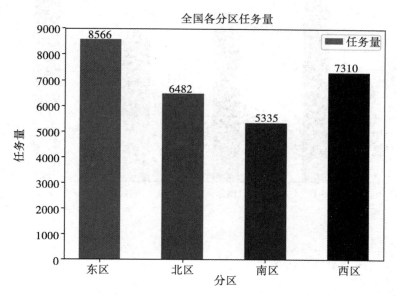

图 9.2　柱形图运行结果(一)

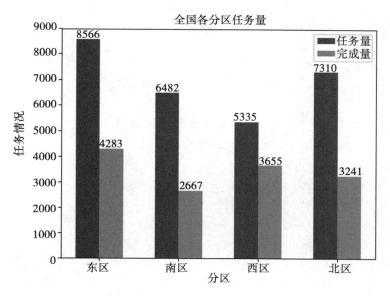

图 9.3　柱形图运行结果(二)

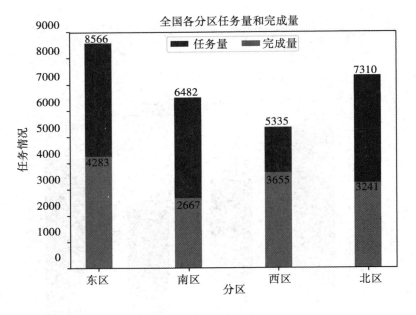

图 9.4　柱形图运行结果(三)

(3)绘制条形图的参考代码如下：

```
import numpy as np
import math
import matplotlib.pyplot as plt

from pylab import *
mpl.rcParams['font.sans-serif'] = ['SimHei']

# 条形图与柱形图类似,只不过是将柱形图的 x 轴和 y 轴进行了调换,纵向柱形图变成了横向柱形图,使用 plt 库中的 barth 方法
# barth 方法如下所示:
    plt.barth(y,width,height,align,color,edgecolor)
# barth 方法的参数及说明如下表:
# width 表示柱子的宽度
# height 表示柱子的高度
# align 表示柱子的对齐方式
# color 表示颜色
# edgeclolor 表示柱子边缘颜色
# 绘制全国各分区任务量的条形图
plt.subplot(1,1,1)# 建立一个坐标系
```

```
x= np.array(['东区','北区','南区','西区'])
y= np.array([8566,6482,5335,7310])
plt.barh(x,height= 0.5,width= y,align= 'center',color= ['r','g','b','k'])# 绘图
plt.title('全国各分区任务量',loc= 'center')# 设置标题
for a,b in zip(x,y):
    plt.text(b,a,b,ha= 'center',va= 'bottom',fontsize= 12) # 添加数据标签
plt.ylabel('分区')# 设置 y 轴坐标
plt.xlabel('任务量')# 设置 x 轴坐标
plt.grid(False)# 不要网格线
plt.show()
```

条形图运行结果如图 9.5 所示。

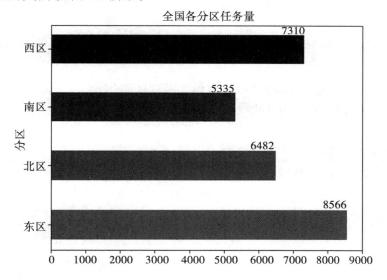

图 9.5　条形图运行结果

(4) 绘制散点图的参考代码如下:

```
某地 3 月份与 10 月份的气温散点图
'''
    绘制散点图,要点:plt.scatter(x,y)
'''
# 导入模块
from matplotlib import pyplot as plt
from matplotlib import font_manager
```

```python
    my_font = font_manager.FontProperties(fname="C:\Windows\Fonts\MSYHL.TTC")

    # 输入变量数据(参数)
    y_3 = [11,17,16,11,12,11,12,6,6,7,8,9,12,15,14,17,18,21,16,17,20,14,15,15,15,19,21,22,22,22,23]
    y_10 = [26,26,28,19,21,17,16,19,18,20,20,19,22,23,17,20,21,20,22,15,11,15,5,13,17,10,11,13,12,13,6]

    x_3 = range(1,32)
    x_10 = range(51,82)

    # 设置图形大小
    plt.figure(figsize=(20,8),dpi=80)

    # 使用 scatter 绘制散点图,和之前绘制折线图一样只用将 plot 更改成 scatter
    plt.scatter(x_3,y_3,label='3月份气温变化散点图')
    plt.scatter(x_10,y_10,label='10月份气温变化散点图')

    # 调整 X 轴的刻度
    _x = list(x_3) + list(x_10)
    _xtick_labels = ['3月{}日'.format(i) for i in x_3]
    _xtick_labels += ['10月{}日'.format(i-50) for i in x_10]
    plt.xticks(_x[::3],_xtick_labels[::3],fontproperties=my_font,rotation=45)

    # 添加描述信息
    plt.xlabel('时间',fontproperties=my_font)
    plt.ylabel('温度',fontproperties=my_font)
    plt.title('3月气温和10月气温散点图',fontproperties=my_font)

    # 添加图例
    plt.legend(prop=my_font,loc='upper left')  # 要在绘制图像那一步添加标签
```

```
plt.savefig('散点图.jpg')# 保存到本地
    #  展示图形
plt.show()
```

散点图运行结果如图 9.6 所示。

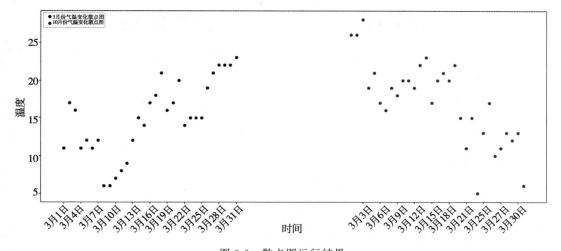

图 9.6　散点图运行结果

实验 10 数据分析综合实验

10.1 实验项目

数据分析综合实验。

10.2 实验类型

设计型实验。

10.3 实验目的

(1)熟悉使用 Python 扩展库 pandas 进行数据分析的基本操作。
(2)熟悉 CSV 和 TXT 文件操作。

10.4 知识点

(1)折线图的绘制方法。
(2)柱形图的绘制方法。
(3)条形图的绘制方法。
(4)散点图的绘制方法。

10.5 实验原理

(1)使用 Jupyter Notebook 来编写 Python 程序。
(2)执行 Python 程序。
(3)根据提示信息判断程序中的使用错误。
(4)修改程序。
(5)得出正确的结果。

10.6 实验器材

计算机、Windows 10 操作系统、Anaconda、Jupyter Notebook。

10.7 实验内容

10.7.1 运行程序

在 D 盘根目录下生成饭店营业额模拟数据文件 data.csv,相关代码如下:

```
import csv
import random
import datetime
fn = r'd:\data.csv'
with open(fn, 'w',newline= "") as fp:
# 创建 csv 文件写入对象
    wr = csv.writer(fp)
# 写入表头
    wr.writerow(['日期', '销量'])
# 生成模拟数据
    startDate = datetime.date(2020, 1, 1)
# 生成 200 个模拟数据
    for i in range(200):
# 生成一个模拟数据,写入 csv 文件
        amount = 200 + i* 5 + random.randrange(100)
        wr.writerow([str(startDate), amount])
# 生产下一天数据
        startDate = startDate + datetime.timedelta(days = 1)
```

10.7.2 完成下面的任务

(1)使用 pandas 读取文件 data.csv 中的数据,创建 DataFrame 对象,并删除其中所有缺失值。

(2)使用 matplotlib 生成折线图,反映该饭店每天的营业额情况,并把图形保存为本地文件 first.jpg。

(3)按月份进行统计,使用 matplotlib 绘制柱状图,显示每个月份的营业额,并把图形保存为本地文件 second.jpg。

(4)按月份进行统计,找出相邻两个月的最大涨幅,并把涨幅最大的月份写入文件 maxMonth.txt。

(5)按季度统计该饭店 2020 年的营业额数据,使用 matplotlib 生成饼状图显示 2020 年四个季度的营业额分布情况,并把图形保存为本地文件 third.jpg。

10.8 实验报告要求

实验报告的主要内容:完成要求的程序编写,提交源代码和运行结果。

10.9 相关知识链接

10.9.1 matplotlib 中 %matplotlib inline 的含义及使用

%matplotlib inline 是一个被广泛使用的 IPython 魔法函数(magic functions)。根据官方的阐述,IPython 赋予用户一套功能强大的预定义魔法函数,这些函数不是通过常规的函数调用方式来执行的,而是通过模仿命令行输入的特定语法格式来访问的。在这个语境下,%matplotlib inline 就是一个典型的例子,它采用了 IPython 特有的命令行式访问方式,以实现在 Jupyter Notebook 等环境中内嵌绘图功能。

IPython 中的魔法函数可以划分为两大类:面向行的魔法函数和面向单元的魔法函数。面向行的魔法函数以单个百分号"%"为前缀,其使用方式与在类 Unix 系统中输入命令行指令颇为相似,比如在 Mac 系统中,用户名后跟的"＄"符号就是命令行提示符。在 IPython 中,"%"之后紧跟的就是魔法函数的名称,而其参数则直接跟在该名称之后,不需要使用括号或引号进行值的传递。

面向单元的魔法函数则是以双百分号"%%"为前缀。这类函数的参数不仅包含"%%"之后的行内容,还会涵盖其下的多行内容,直至遇到下一个魔法函数或者代码单元结束。这种设计使得魔法函数在处理多行输入或复杂逻辑时具有更高的灵活性和实用性。

总的来说,IPython 的魔法函数为用户提供了一种快捷、高效的方式来执行特定任务,而 %matplotlib inline 便是其中之一,它使数据可视化在 IPython 环境中变得尤为便捷。需要注意的是,既然是 IPython 内置魔法函数,那么在 Pycharm 中是不会支持的,如下面的代码所示:

```
# 内嵌画图
% matplotlib inline
import matplotlib   # 注意这个也要 import 一次
import matplotlib.pyplot as plt
myfont = matplotlib.font_manager.FontProperties(fname= "C:\Windows\Fonts\MSYHL.TTC") # 这一行
plt.plot((1,2,3),(4,3,- 1))
plt.xlabel(u'横坐标', fontproperties= myfont) # 这一段
plt.ylabel(u'纵坐标', fontproperties= myfont) # 这一段
# plt.show() # 有了% matplotlib inline 就可以省掉 plt.show()了
```

一般来说，%matplotlib inline 可以在 Python 编译器里直接使用，功能是可以内嵌绘图，并且可以省略掉 plt.show()这一步。

10.9.2 plt.rcParams 的用法

前面已经有 import matplotlib.pyplot as plt，在此将 matplotlib 简写为 plt，可知 plt 是代表画图的库。库内的配置（configuration）是固定好的，但有时我们想要修改 plt 的配置参数来满足画图需求，此时可用 plt.rcParams['配置参数']=[修改值]进行修改，rcParams 即 run configuration parameters（运行配置参数），相关代码如下：

plt.rcParams['font.sans-serif']=['SimHei'] #运行配置参数中的字体（font）为黑体（SimHei）

plt.rcParams['axes.unicode_minus']=False #运行配置参数中的轴（axes）正常显示正负号（minus）

10.9.3 Pandas 中 groupby 的用法

10.9.3.1 如何理解 pandas 中的 groupby 操作

groupby 是 pandas 中用于数据分析的一个重要功能，其功能与 SQL 中的分组操作类似，但功能却更为强大。若要理解 groupby 的原理，可参考官网给出的解释（见图 10.1）。

Group By: split-apply-combine

By "group by" we are referring to a process involving one or more of the following steps:
- **Splitting** the data into groups based on some criteria.
- **Applying** a function to each group independently.
- **Combining** the results into a data structure.

图 10.1 官网给出的 groupby 解释

其中，split 是按照某一原则（groupby 字段）进行拆分，相同属性分为一组；apply 是对拆分后的各组执行相应的转换操作；combine 则是输出汇总转换后的各组结果。

10.9.3.2 分组（split）

groupby 首先要指定分组原则，这也是 groupby 函数的第一步，其常用参数包括：

(1) by：分组字段，可以是列名/series/字典/函数，常用的为列名。

(2) axis：指定切分方向，默认为 0，表示沿着行切分。

(3) as_index：是否将分组列名作为输出的索引，默认为 True；当设置为 False 时，相当于加了 reset_index 功能。

sort 与 SQL 中的 groupby 操作会默认执行排序一致，该 groupby 也可通过 sort 参数指定是否对输出结果按索引排序。另有其他参数不常出现，在此不再列出。下面给出一个典型应用示例的代码及数据（见图 10.2）：

```
import pandas as pd
import numpy as np
df = pd.DataFrame({'班级':['A','B','A','B'],
                   '姓名':['张三','李四','张五','张六'],
                   '语文':[89,88,91,90],
                   '数学':[60,87,62,96]})
df
```

	班级	姓名	语文	数学
0	A	张三	89	60
1	B	李四	88	87
2	A	张五	91	62
3	B	张六	90	96

图 10.2 示例数据

单列作为分组字段，不设置索引，计算每个班级各科的平均分，代码如下（运行结果如图 10.3 所示）：

```
df.groupby('班级',as_index= False)[['语文', '数学']].mean()
```

	班级	语文	数学
0	A	90.0	61.0
1	B	89.0	91.5

图 10.3 不设置索引的运行结果

单列作为分组字段，不设置索引，不考虑班级情况，只按照姓氏统计每个姓氏各科的平均分，取两位小数，相关代码如下：

```
# 取姓名的第一个字作为姓氏
average_scores = df.assign(姓氏 = df['姓名'].str[0]).groupby('姓氏').agg({'语文': 'mean', '数学': 'mean'}).reset_index().round(2)
print(average_scores)
```

或使用 lambda 函数，相关代码如下：

```
average_scores = df.assign(姓氏= df['姓名'].apply(lambda name: name[0])).groupby('姓氏').agg({'语文': 'mean', '数学': 'mean'}).reset_index().round(2)
print(average_scores)
```

如果觉得这段代码太长不容易读懂,可以拆分成下面几行代码:

```
# 添加"姓氏"列,该列为"姓名"列的第一个字符
average_scores = df.assign(姓氏= df['姓名'].apply(lambda name: name[0]))
# 按"姓氏"分组并计算"语文"和"数学"的平均分
average_scores = average_scores.groupby('姓氏').agg({'语文': 'mean', '数学': 'mean'})
# 重置索引,并将平均分四舍五入到两位小数
average_scores = average_scores.reset_index().round(2)
print(average_scores)
```

运行结果如图10.4所示。

```
  姓氏   语文    数学
0  张   90.0   72.67
1  李   88.0   87.00
```

图10.4 单列字段的转换格式作为分组字段的运行结果

根据字典索引对记录进行映射分组,相关代码如下:

```
persons = {0:'男',1:'男',2:'男',3:'女'}
# 将 persons 字典转换为 Series
persons_series = pd.Series(persons)
# 重置 df 的索引,使其与 persons_series 的索引匹配
df2 = df.reset_index(drop= True)
# 合并 persons_series 到 df 中
df2 = df.merge(persons_series.reset_index(), left_index= True, right_index= True)
# 重命名合并后的列名
df2 = df2.rename(columns= {0: '性别'})
# 根据角色分组并计算语文和数学的平均分
average_scores = df2.groupby('性别').agg({'语文': 'mean', '数学': 'mean'}).round(2)
print(average_scores)
```

运行结果如图10.5所示。

```
       语文     数学
性别
女     90.00   96.00
男     89.33   69.67
```

图10.5 根据字典索引对记录进行映射分组的运行结果

10.9.3.3 转换(apply)——agg/apply/transform

在数据处理过程中,分组后的转换(apply)操作是一个至关重要的步骤。这个步骤涉及对分组后的数据应用特定的函数,以得出我们所需的结果。在这个过程中,我们有多种方法可以实现这一目标,以下几种方法尤其受欢迎。

(1)首先,我们可以直接使用聚合函数。这种函数的特点是简洁、直接,但主要用于实现单一功能。一些常用的聚合函数包括计算平均值(mean)、求和(sum)、求中位数(median)、求最小值(min)、求最大值(max)、求最后一个值(last)和第一个值(first)等。这些函数能够迅速提供我们所需的基本统计信息。

然而,当我们需要执行更为复杂的聚合功能时,agg(aggregate)方法就显得尤为有用。这种方法不仅支持简单的聚合函数,还可以通过列表、字典等形式的参数来实现更为丰富的功能。例如,我们可以同时计算多个统计量,或者对不同的列应用不同的聚合函数。这种方法的灵活性和多功能性使其在开展复杂的数据分析任务时成为一个强大的工具。

例如,若需要对如上述数据表中两门课程分别统计平均分和最低分,则可用列表形式传参,相关代码如下:

```python
# 计算每门课程的平均分和最低分
average_scores = df.groupby('班级').agg({'语文': 'mean', '数学': 'mean'}).round(2)
lowest_scores = df.groupby('班级').agg({'语文': 'min', '数学': 'min'}).round(2)
# 将平均分和最低分合并到一个 DataFrame 中
result = pd.concat([average_scores, lowest_scores], keys= ['平均分', '最低分'], names= ['统计类型', '课程'], axis= 1)
# 重置索引
result = result.reset_index()
print(result)
```

运行结果如图 10.6 所示。

```
       班级   语文        数学
            mean min  mean max
    0   A   90.0 89   61.0 62
    1   B   89.0 88   91.5 96
```

图 10.6 groupby 分组

如果想对语文求平均分和最低分,而数学求平均分和最高分,则可用字典形式参数,相关代码如下:

```python
intermediate = df.groupby('班级').agg({'语文': ['mean', 'min'],'数学': ['mean', 'max']})
result = intermediate.rename(columns= {
```

```
    ('语文', 'mean'): '语文_平均分',('语文', 'min'): '语文_最低分',
    ('数学', 'mean'): '数学_平均分',('数学', 'max'): '数学_最高分'}).
reset_index()
    print(result)
```

运行结果如图 10.7 所示。

```
     语文         数学
    mean  min   mean  max
    90.0   89   61.0   62
    89.0   88   91.5   96
```

图 10.7　求语文及数学的最高分、最低分和平均分

(2) 除了 agg 函数所提供的多样化聚合选项之外，apply 函数还为数据分析师提供了一个强大且灵活的工具，使他们能够根据需要自定义面向分组的聚合函数。apply 函数不仅功能丰富，而且应用场景广泛，它能够根据所处理对象的类型调整其处理粒度。例如，在处理 series 对象时，apply 函数会精细到对 series 中的每个元素（即标量）进行操作。这种细粒度的处理方式使得数据分析师能够对数据进行逐元素的精确转换或计算。

当面对 dataframe 对象时，apply 函数的处理粒度则上升到了一行或一列（这些行或列在 pandas 中实质上被视为 series 对象）。这种中粒度的处理方式允许分析师对 dataframe 的特定行或列执行复杂的转换和计算，从而满足更为具体的数据分析需求。

在处理经过 groupby 操作后的 group 对象时，apply 函数的处理粒度进一步扩展到了一个完整的分组（该分组在内部被视作一个完整的 dataframe 对象）。这种粗粒度的处理方式使得分析师能够对每个分组执行高度定制化的聚合操作，这无疑是处理复杂数据集时的一种强大能力。

例如，需要计算每个班级语文平均分与数学平均分之差，则用 apply 会是一个理想的选择，相关代码如下：

```
result = df.groupby('班级').apply(lambda x: x['语文'].mean() - x['数
学'].mean()).reset_index().rename(columns= {0: '平均分之差'})
    print(result)
```

运行结果如图 10.8 所示。

```
    班级   平均分之差
0    A    29.0
1    B    -2.5
```

图 10.8　apply 自定义面向分组的聚合函数

(3) transform 是 groupby 操作中的又一个强大工具，它与 agg 和 apply 在处理数据时的区别，可以类比于 SQL 中窗口函数与分组聚合函数之间的差异。具体来说，transform 并不会像 agg 和 apply 那样对数据进行聚合后输出，而是对原始数据集中的每一行记录都提供一个与之相对应的聚合结果。这种方式类似于 SQL 中的窗口函数，它们都是在保留原始数据行的同时，为每一行添加额外的聚合信息。

相比之下，agg 和 apply 更侧重于对数据进行分组后的聚合输出。它们会按照指定的分组条件将数据划分为多个组，并对每个组进行聚合计算，最终输出的是每个组的聚合结果，而不是原始数据行。这种处理方式与 SQL 中的分组聚合函数相似，都是对分组后的数据进行汇总和分析。

例如，想对比个人成绩与班级平均分，则如下代码可作为首选：

```
# 对原始 DataFrame 按'班级'列分组，并计算数值列的平均值
grouped = df.groupby('班级')
dfm = grouped[['语文','数学']].transform('mean').round().reset_index(drop=True)
# 重命名列名
dfm = dfm.rename(columns={'语文':'语文平均分','数学':'数学平均分'})
# 将平均值列合并回原始 DataFrame
df3 = pd.concat([df, dfm], axis=1)
df3
```

运行结果如图 10.9 所示。

	班级	姓名	语文	数学	语文平均分	数学平均分
0	A	张三	89	60	90.0	61.0
1	B	李四	88	87	89.0	92.0
2	A	张五	91	62	90.0	61.0
3	B	张六	90	96	89.0	92.0

图 10.9 对比个人成绩与班级平均分

(4) 上述操作也可以通过 mean 聚合＋merge 连接实现，相关代码如下：

```
dfm = df.groupby(['班级'])[['语文','数学']].mean().rename(columns={'语文':'语文平均分','数学':'数学平均分'})
dfm
average1 = pd.merge(df, dfm, left_on='班级', right_index=True)
average1
```

运行结果如图 10.10 和图 10.11 所示。

	语文平均分	数学平均分
班级		
A	90.0	61.0
B	89.0	91.5

图 10.10　通过 mean 聚合＋merge 连接实现的结果（一）

	班级	姓名	语文	数学	语文平均分	数学平均分
0	A	张三	89	60	90.0	61.0
1	B	李四	88	87	89.0	91.5
2	A	张五	91	62	90.0	61.0
3	B	张六	90	96	89.0	91.5

图 10.11　通过 mean 聚合＋merge 连接实现的结果（二）

10.9.3.4　时间序列的 groupby——resample

groupby 是一个强大的数据处理工具，它允许我们根据某个特定的规则将数据分割成多个组进行聚合操作。然而，在处理时间序列数据时，我们经常会遇到需要按照时间间隔对数据进行分组的情况，这时就引出了另一种特殊的分组方式——重采样（resample）。

如果我们已经理解了 groupby 的"分割-应用-合并"（split-apply-combine）三步走处理流程，那么理解重采样（resample）的处理流程就会变得轻而易举。简单来说，resample 也遵循类似的步骤：首先，根据时间规则将数据"分割"（split）成不同的时间段；其次，在每个时间段上"应用"（apply）特定的函数或操作；最后，将这些时间段的结果"合并"（combine）起来，形成一个完整的时间序列数据集。

值得注意的是，由于 resample 本质上是一种特殊的时间序列分组聚合方式，因此 groupby 中所支持的四种转换操作（如 agg、apply、transform 等）在 resample 中同样适用。这意味着我们可以灵活地运用这些操作来对时间序列数据进行各种复杂的聚合、转换和分析，从而满足不同的数据处理需求。

具体生成以下含有时间序列的样例数据，如图 10.12 所示。

```
df = pd.DataFrame(data={
    'class':list('ABCD'*15),
    'score':np.random.randint(60, 100, size=60)},
    index=pd.date_range(start='2020-01-01', end='2020-02-29'))
df.head()
```

	class	score
2020-01-01	A	73
2020-01-02	B	75
2020-01-03	C	78
2020-01-04	D	97
2020-01-05	A	77

图 10.12　含有时间序列的样例数据

统计每 15 天的平均分，用 resample 可实现，如图 10.13 所示。

```
df.resample('15D').mean()
```

	score
2020-01-01	78.600000
2020-01-16	79.333333
2020-01-31	86.600000
2020-02-15	80.666667

图 10.13　用 resample 实现平均分统计

当然，我们之前提到的使用聚合函数的例子只是冰山一角，更为复杂的操作，比如 agg、apply 和 transform 等高级功能，同样可以在 resample 中得以应用。这些高级功能的用法与在 groupby 中的使用方式如出一辙。换句话说，resample 和 groupby 之间的核心差异仅仅体现在数据分割（split）阶段：resample 是依据时间间隔来将数据分割成不同的组，而 groupby 则是根据用户自定义的特定规则来进行数据分组。

此外，值得一提的是，groupby 与 resample 还可以以链式的方式进行组合使用，从而为数据分析提供更为灵活和强大的功能。但需要注意的是，这种链式使用的顺序是有严格要求的，只能是先使用 groupby 进行分组，然后再使用 resample 进行重采样。如果尝试颠倒这个顺序，即先使用 resample 再使用 groupby，那么程序将会抛出错误。这样的设计规则是基于数据处理逻辑的合理性和效率而考虑的，以确保使用者能够按照正确的顺序和逻辑对数据进行分组和重采样操作，如图 10.14 所示。

```
df.resample('15D').groupby('class').mean()
```

```
TypeError                                 Traceback (most recent call last)
<ipython-input-99-d39b5a97d139> in <module>
----> 1 df.resample('15D').groupby('class').mean()

TypeError: 'TimeGrouper' object is not callable
```

```
df.groupby('class').resample('15D').mean()
```

		score
class		
A	2020-01-01	74.000000
	2020-01-16	82.250000
	2020-01-31	78.750000
	2020-02-15	83.666667
B	2020-01-02	76.250000
	2020-01-17	76.250000
	2020-02-01	88.750000
	2020-02-16	82.666667

图 10.14 groupby 与 resample 的链式组合使用

需要指出的是，resample 等价于 groupby 操作一般是指下采样过程；另外，resample 也支持上采样，此时需设置一定规则进行插值填充。

10.9.4 pandas 的 drop 函数

10.9.4.1 删除行、删除列

代码为：

print frame.drop(['a'])

print frame.drop(['Ohio'], axis=1)

注意，drop 函数默认删除行，列需要加"axis=1"。

10.9.4.2 inplace 参数

采用 drop 方法，有下面三种等价的表达式：

(1) DF=DF.drop('column_name', axis=1)。

(2) DF.drop('column_name', axis=1, inplace=True)。

(3) DF.drop([DF.columns[[0,1,3]]], axis=1, inplace=True)   # Note：zero indexed。

在处理数组或数据框时，我们经常会遇到一些函数或方法，它们在对原始数组进行操

作后会返回一个新的数组。这些函数或方法通常配备有一个名为 inplace 的可选参数。这个参数的存在主要是为了控制是否直接在原地(即原始数组的内存位置)进行修改。

具体来说,如果我们显式地将 inplace 参数设置为 True(其默认值通常为 False),那么该函数或方法将直接修改原始数组,而不会创建一个新的数组。这意味着,在执行操作后,原始数组名所引用的内存中的值将会被直接更改。相反,如果我们选择使用默认的 inplace=False 或者明确地将其设置为 False,那么原始数组将不会被修改,函数或方法会返回一个新的数组,这个新数组包含了操作后的结果。在这种情况下,原始数组名所对应的内存值保持不变。如果我们想要保留这些更改,就需要将新的结果赋值给一个新的数组变量,或者用它来覆盖原始数组的内存位置。

10.9.4.3 数据类型转换

代码为:

df['Name'] = df['Name'].astype(np.datetime64)

DataFrame.astype 函数可对整个 DataFrame 或某一列进行数据格式转换,支持 Python 和 Numpy 的数据类型。

10.9.5 pandas 的 diff 函数

首先需要明白 diff 这个函数的作用,它是用来求差值的,即将在 df 中后一项减前一项的差记录在后一项的位置上,或者将右边减左边的差记录在左边的位置上。下面具体来演示一下。

10.9.5.1 基本用法

diff 函数的基本用法如图 10.15 所示。

```
1  import pandas as pd
2  import numpy as np
3  df=pd.DataFrame(np.arange(12).reshape(3,4),index=pd.date_range(start='20240101', periods=3),columns=['A','B','C','D'])
4  print(df)
5  df1 = df.diff()
6  print('df1')
7  print(df1)
8  print('nan填充:')
9  print(df1.fillna(0))
10 df2 = df.diff(axis=1)
11 print('df2:')
12 print(df2)
13 print('nan填充:')
14 print(df2.fillna(0))
```

图 10.15 diff 函数的基本用法示例

输出如图 10.16 所示。

```
              A    B    C    D
2024-01-01    0    1    2    3
2024-01-02    4    5    6    7
2024-01-03    8    9   10   11
df1
              A    B    C    D
2024-01-01  NaN  NaN  NaN  NaN
2024-01-02  4.0  4.0  4.0  4.0
2024-01-03  4.0  4.0  4.0  4.0
nan填充：
              A    B    C    D
2024-01-01  0.0  0.0  0.0  0.0
2024-01-02  4.0  4.0  4.0  4.0
2024-01-03  4.0  4.0  4.0  4.0
df2:
              A    B    C    D
2024-01-01  NaN    1    1    1
2024-01-02  NaN    1    1    1
2024-01-03  NaN    1    1    1
nan填充：
              A    B    C    D
2024-01-01  0.0    1    1    1
2024-01-02  0.0    1    1    1
2024-01-03  0.0    1    1    1
```

图 10.16 diff 函数示例输出

10.9.5.2　高阶用法

很多读者可能都知道上面的基本用法，但是在具体的项目中并不是后面减前面或者右边减左边这么简单。图 10.17 所示是根据不同的指标分组，求同一指标之间的差值，不同指标的不会计算。

```
def ltv_diff(self, zhibiao):
    ltv_today = self.get_ltv(self.organic, zhibiao)
    market_ltv = ltv_today.sort_values(
        by=['game_id','date','plat_id','country_id','country'])
    market_ltv['income'] = market_ltv.groupby(['game_id','date','plat_id','country_id','country'])['index_value'].diff()
    market_ltv.loc[:,['index_value','income']] = market_ltv.loc[:,['index_value','income']].fillna(method='ffill', axis=1)
    market_ltv = market_ltv[market_ltv['file_date']==uself.date]
    return market_ltv
```

图 10.17　根据不同的指标分组，求同一指标之间的差值

首先取出数据后，根据指标进行排序，这个排序是非常重要的，很多时候顺序乱了，算出来的值也就错了。紧接着将排序后的数据分组，然后求同一组之间"index_value"的差值，赋值给"income"。最后一步是填充，因为每个分组都有第一个数是 nan，根据需要填充 nan 值，这里用的是向左填充 index_value 的值。

10.9.6 pandas 的 nlargest 函数

在 pandas 库里面，我们常常关心的是最大的前几个，比如销售最好的几个产品、几家店等。之前讲到的 head 函数能够给出 DF 里面的前几行，如果需要得到最大或者最小的几行，就需要先进行排序。max() 和 min() 虽然可以给出最大值和最小值，但是只能给出一个值。

以二手房数据为例，相关代码如下：

```python
import pandas as pd
import numpy as np
df= pd.read_csv('二手房数据.csv',encoding='utf-8')
df.info()
```

运行结果如图 10.18 所示。

```
[1]: 1 import pandas as pd
     2 import numpy as np

[2]: 1 df= pd.read_csv('二手房数据.csv',encoding='utf-8')
     2 df.info()

<class 'pandas.core.frame.DataFrame'>
RangeIndex: 2583 entries, 0 to 2582
Data columns (total 9 columns):
 #   Column   Non-Null Count  Dtype
---  ------   --------------  -----
 0   小区名字    2551 non-null   object
 1   总价       2551 non-null   float64
 2   户型       2551 non-null   object
 3   建筑面积    2551 non-null   float64
 4   单价       2551 non-null   float64
 5   朝向       2551 non-null   object
 6   楼层       2551 non-null   object
 7   装修       2551 non-null   object
 8   区域       2551 non-null   object
dtypes: float64(3), object(6)
memory usage: 181.7+ KB
```

图 10.18 二手房案例

在此类情况下，我们可以使用 nlargest 函数，nlargest 函数的优点是能一次给出最大的几行，而且不需要排序；缺点是只能看到最大的，看不到最小的。下面用该函数处理前面的二手房案例，来看看单价排在前十的数据，相关代码如下：

```python
df[['建筑面积','户型','单价','总价']].nlargest(10,'单价')
```

运行结果如图 10.19 所示。

```
[3]: 1 df[['建筑面积','户型','单价','总价']].nlargest(10,'单价')
```

	建筑面积	户型	单价	总价
1445	61.0	2室1厅1卫	37705.0	230.0
474	67.0	2室1厅1卫	35565.0	239.0
565	80.0	3室1厅1卫	35000.0	280.0
1400	80.0	3室1厅1卫	35000.0	280.0
1937	296.0	5室2厅4卫	33108.0	980.0
1934	44.0	暂无	32672.0	145.0
663	43.0	1室1厅1卫	32558.0	140.0
2074	51.0	暂无	31589.0	160.0
2318	50.0	2室1厅1卫	31337.0	158.0
1703	53.0	2室1厅1卫	31132.0	165.0

图 10.19 单价前十的数据

nlargest 函数的第一个参数就是截取的行数,第二个参数就是依据的列名。这样就可以筛选出单价最高的前十行,而且是按照单价从最高到最低进行排列的,所以还是按照之前的索引。此外,还可以按照"总价"来排名,相关代码如下:

```
df[['建筑面积','户型','单价','总价']].nlargest(15,'总价')
```

运行结果如图 10.20 所示。

```
[4]: 1 df[['建筑面积','户型','单价','总价']].nlargest(15,'总价')
```

	建筑面积	户型	单价	总价
2537	800.0	7室4厅9卫	18750.0	1500.0
629	600.0	5室2厅5卫	20000.0	1200.0
172	470.0	5室2厅5卫	24745.0	1163.0
1216	470.0	6室3厅5卫	21277.0	1000.0
408	470.0	5室3厅5卫	21255.0	999.0
1937	296.0	5室2厅4卫	33108.0	980.0
1647	314.0	5室4厅4卫	28662.0	900.0
1574	363.0	5室3厅5卫	23391.0	850.0
1168	400.0	4室3厅3卫	20000.0	800.0
1414	400.0	4室3厅3卫	20000.0	800.0
2222	375.0	6室3厅5卫	20000.0	750.0
46	260.0	4室3厅3卫	26154.0	680.0
561	260.0	5室3厅4卫	23077.0	600.0
503	432.0	5室4厅4卫	13657.0	590.0
496	240.0	4室3厅3卫	24375.0	585.0

图 10.20 按照 total_price 排名的运行结果

nlargest 函数还有一个参数 keep='first' 或者 keep='last'。当出现重复值的时候，keep='first' 会选取在原始 DataFrame 里排在前面的，keep='last' 则去排后面的。nlagerst 函数一般不能去掉最小的多个值，而如果我们一定要使用这个函数进行选取也是可以的。先设置一个辅助列，代码如下：

```
df['单价 2']= df['单价']* (-1)
df[['建筑面积','户型','单价','总价','单价 2']]
```

运行结果如图 10.21 所示。

		建筑面积	户型	单价	总价	单价2
[6]:	1	df['单价2']= df['单价']*(-1)				
[8]:	1	df[['建筑面积','户型','单价','总价','单价2']]				
[8]:	0	89.0	2室2厅1卫	10000.0	89.0	-10000.0
	1	143.0	3室2厅1卫	6979.0	100.0	-6979.0
	2	43.0	1室1厅1卫	7390.0	32.0	-7390.0
	3	57.0	2室1厅1卫	9035.0	51.0	-9035.0
	4	161.0	3室2厅2卫	13060.0	210.0	-13060.0
	...	...	...	...	...	...
	2578	154.0	3室2厅2卫	7470.0	115.0	-7470.0
	2579	91.0	2室2厅1卫	10931.0	100.0	-10931.0
	2580	110.0	2室2厅1卫	6818.0	75.0	-6818.0
	2581	110.0	2室2厅1卫	9113.0	100.0	-9113.0
	2582	61.0	2室2厅1卫	8000.0	49.0	-8000.0

2583 rows × 5 columns

图 10.21　设置辅助列的运行结果

然后再进行选取，代码如下：

```
df[['建筑面积','户型','单价','总价','单价 2']].nlargest (10,'单价 2')
```

运行结果如图 10.22 所示。

```
[10]: 1 df[['建筑面积','户型','单价','总价','单价2']].nlargest (10,'单价2')
```

	建筑面积	户型	单价	总价	单价2
2124	8300.0	2室2厅1卫	84.0	70.0	-84.0
2561	83.0	2室2厅1卫	2289.0	19.0	-2289.0
2240	55.0	1室1厅1卫	2364.0	13.0	-2364.0
801	60.0	2室1厅1卫	3000.0	18.0	-3000.0
1832	77.0	1室1厅1卫	3636.0	28.0	-3636.0
146	90.0	2室2厅1卫	3667.0	33.0	-3667.0
894	92.0	2室1厅1卫	3696.0	34.0	-3696.0
1299	84.0	2室1厅1卫	3810.0	32.0	-3810.0
808	60.0	1室1厅1卫	3840.0	23.0	-3840.0
1253	99.0	3室2厅2卫	3939.0	39.0	-3939.0

图 10.22 以辅助列进行选取的结果

当然了，也可以通过 head 函数加上排序进行选取。

如果这些操作都可以通过其他函数来代替的话，仍有必要引入 nlargest 函数。例如，如果要选择不同 location_road 下的前五名，可采取以下操作。

很多人第一反应可能会想到先分组，然后进行 max() 操作，但是这样的操作只能选择最大的一列，相关代码如下：

```
df[['建筑面积','户型','单价','总价','区域']].groupby('区域').max()
```

运行结果如图 10.23 所示。

```
[11]: 1 df[['建筑面积','户型','单价','总价','区域']].groupby('区域').max()
```

区域	建筑面积	户型	单价	总价
二道	339.0	暂无	17660.0	345.0
净月	800.0	暂无	28335.0	1500.0
南关	500.0	暂无	33108.0	980.0
宽城	8300.0	暂无	15833.0	210.0
朝阳	363.0	暂无	37705.0	850.0
汽开	168.0	暂无	13636.0	168.0
经开	260.0	暂无	26154.0	680.0
绿园	201.0	暂无	16667.0	230.0
高新	432.0	暂无	31589.0	900.0

图 10.23 进行 max() 操作的结果

但是使用 max 函数有一个问题，就是选取的是每一列的最大值，而不是最大值的那一行。也就是说，只能在选取单列的最大值时才是准确的，这时就要想到 apply 和 lambda 的自定义函数了，相关代码如下：

```
df[['建筑面积','户型','单价','总价','区域']].groupby('区域').apply
(lambda x:x.nlargest(5,'单价'))
```

运行结果如图 10.24 所示。

```
[12]:  1  df[['建筑面积','户型','单价','总价','区域']].groupby('区域').apply(lambda x:x.nlargest(5,'单价'))
```

区域		建筑面积	户型	单价	总价	区域
二道	2192	47.0	2室1厅1卫	17660.0	83.0	二道
	1382	214.0	4室2厅3卫	16151.0	345.0	二道
	1453	186.0	4室2厅2卫	16029.0	298.0	二道
	2441	130.0	3室2厅2卫	16000.0	208.0	二道
	940	75.0	2室2厅1卫	15733.0	118.0	二道
净月	121	141.0	3室4厅3卫	28335.0	400.0	净月
	172	470.0	5室2厅5卫	24745.0	1163.0	净月
	496	240.0	4室3厅3卫	24375.0	585.0	净月
	358	135.0	4室3厅3卫	23477.0	318.0	净月
	298	208.0	4室3厅5卫	23077.0	480.0	净月
南关	1937	296.0	5室2厅4卫	33108.0	980.0	南关
	789	129.0	3室2厅2卫	21318.0	275.0	南关
	20	209.0	2室2厅2卫	19139.0	400.0	南关
	502	247.0	4室2厅2卫	17004.0	420.0	南关

图 10.24 选取多个指标的 TOP(N) 运行结果

这样就选出了不同"区域"的"单价"排在前五的行了。在这种场景下使用 nlargest 函数是非常方便的，而且结果也已经是默认排好的顺序。

10.10 参考代码

(1) 生成随机数据的参考代码如下：

```python
import csv
import random
import datetime
fn = 'data.csv'
with open(fn, 'w',newline= "") as fp:
#   创建 csv 文件写入对象
    wr =  csv.writer(fp)
#   写入表头
    wr.writerow(['日期', '销量'])
#   生成模拟数据
    startDate =  datetime.date(2020, 1, 1)
#   生成 200 个模拟数据
    for i in range(200):
#   生成一个模拟数据,写入 csv 文件
        amount =  200 +  i* 5 +  random.randrange(100)
        wr.writerow([str(startDate), amount])
```

```
    # 生成下一天数据
        startDate = startDate + datetime.timedelta(days = 1)
```

（2）导入包的参考代码如下：

```
% matplotlib inline
import pandas as pd
import matplotlib.pyplot as plt
```

（3）设置字体和轴显示的参考代码如下：

```
plt.rcParams['font.sans-serif']= ['SimHei']
plt.rcParams['axes.unicode_minus']= False
```

（4）读取数据，删除缺失值的参考代码如下：

```
df = pd.read_csv('data.csv',encoding= 'cp936')
df = df.dropna()
```

（5）生成营业额折线图的参考代码如下：

```
plt.figure()
# 绘制图表,并旋转日期标签
ax = df.plot(x= '日期', y= '销量')
plt.xticks(rotation= 45) # 旋转45度
plt.savefig('first.jpg',dpi= 300)
# 这里可以省略 plt.show()
```

营业额折线图的生成结果如图 10.25 所示。

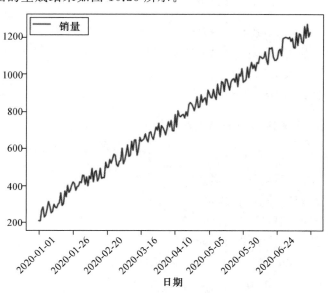

图 10.25　营业额折线图

(6)按月统计,生成柱状图的参考代码如下:

```
plt.figure()
df1 = df.loc[:]# 这句话写成 df1= df.copy()更容易理解
df1['month'] = df1['日期'].map(lambda x: x[:x.rindex('- ')]) # 截取最后一个"- "之前的字符串,即年月
df1 = df1.groupby(by= 'month', as_index= False).sum()
df1.plot(x= 'month', kind= 'bar')
plt.savefig('second.jpg')
```

生成的营业额柱状图如图 10.26 所示。

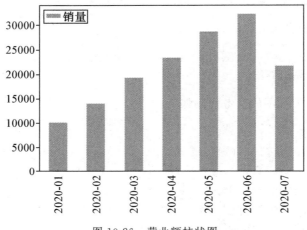

图 10.26 营业额柱状图

(7)找涨幅最大的月份,写入文件的参考代码如下:

```
df2 = df1.drop('month', axis= 1).diff()
m = df2['销量'].nlargest(1).keys()[0]
with open('maxMonth.txt', 'w') as fp:
    fp.write(df1.loc[m, 'month'])
```

(8)按季度统计,生成饼状图的参考代码如下:

```
plt.figure()
one = df1[:3]['销量'].sum()
two = df1[3:6]['销量'].sum()
three = df1[6:9]['销量'].sum()
four = df1[9:12]['销量'].sum()
plt.pie([one, two, three, four],labels= ['one', 'two', 'three', 'four'])
plt.savefig('third.jpg')
```

生成的季度销量饼状图如图 10.27 所示。

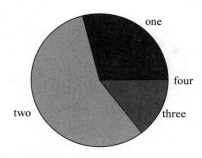

图 10.27　季度销量饼状图

参考文献

[1] 范晖,于长青,张文胜.Python 大数据基础与实战[M].西安:西安电子科技大学出版社,2019.

[2] 王宇韬,吴子湛,史靖涵.零基础学 Python 网络爬虫案例实战全流程详解[M].北京:机械工业出版社,2021.

[3] 马伟良.Jupyter Notebook 平台在 Python 教学中的应用[J].数字通信世界,2022(5):82-84.

[4] 蒋佳龙,林木辉.Jupyter 在人工智能课程实验平台的应用实践[J].实验室科学,2022,25(3):75-79.

[5] 孙喆,尹晓红,范文元,等.化工原理课程的网络化教学:从 Python 到 Jupyter Notebook[J].山东化工,2021,50(20):196-197,200.

[6] 彭焕卜,谢志昆.基于 Python 的学习者基本数据分析与可视化研究[J].中国教育信息化,2021,27(15):60-64.

[7] 陈衍鹏.基于 Python 第三方库实现 Excel 读写[J].微型电脑应用,2017,33(8):75-78.

[8] 姜庆玲,张樊.基于 Python 与 Requests 模块的网络图片爬虫程序设计[J].电脑编程技巧与维护,2023(6):59-61,95.

[9] 李俊,叶松,董庆贺.Python 中函数图像快速绘制的方法[J].电子制作,2014,22(4X):69-70.

[10] 罗广恒.基于 Python 模块及 XML 的自动化测试平台设计与实现[J].自动化应用,2024,65(2):202-206.

[11] 张翔,鹿玉红,薛鞾.基于 Python 的文件统计程序开发[J].科技资讯,2024,22(16):37-40.

[12] 何晓东.高中信息技术编程教学优化策略探析——以 Python 自定义函数教学为例[J].中国现代教育装备,2023(16):53-55,59.

[13] 本刊编辑部.Python 项目实战[J].计算机产品与流通,2024(2):14.

[14] 蔡毅仁.Python 教学中的递归函数教学设计[J].电脑知识与技术,2022,18(10):129-130,133.

[15] 谢轩.基于 Python 语言绘图的编程思维探究[J].中文科技期刊数据库(全文版)

自然科学,2024(2):136-140.

[16] 尹默.基于大单元教学的Python项目式教学——以"运用海龟画图指令设计Logo"一课为例[J].中小学信息技术教育,2024(4):58-59.

[17] 张亚光.《Python语言中turtle画图的综合应用》教学设计[J].中国信息技术教育,2020(5):62-66.

[18] 曹伟.结构化视野下的大单元整合设计提升教学有效性——以小学校本教材《Python趣味画图》为例[J].中国信息技术教育,2020(11):35-37.

[19] 李国傲.初识Python海龟画图[J].少年电脑世界,2019,10(7):4-9.

[20] 火星超人.用Python制作字符画[J].少年电脑世界,2019,10(6):4-6.

[21] 崔赛英.Python语言random库经典案例教学[J].电脑编程技巧与维护,2024(5):19-21,44.

[22] 林晓芬.基于Python语言的Turtle库绘图实例[J].电脑知识与技术,2023,19(3):97-98,102.

[23] 陈建勋.开发程序设计课程 培养初中生计算思维——以python海龟标准库绘图教学为例[J].福建教育学院学报,2023,24(8):48-50.

[24] 贺国平,张国荣.大数据技术背景下Python程序设计研究[J].软件,2024,45(8):28-30.

[25] 陆永来.《Python数据分析》课程教学案例库建设与应用研究[J].办公自动化,2024,29(19):41-44.

[26] 黄雅琼.基于Python语言的可视化数据分析系统设计与实现[J].信息与电脑,2024,36(4):97-99.

[27] 蔡文乐,秦立静.基于Python爬虫的招聘数据可视化分析[J].物联网技术,2024,14(1):102-105.

[28] 梁琛,马天鸣.Python数据分析在商业领域的应用[J].现代信息科技,2024,8(3):99-102.

[29] 李望金.基于Python的电子商务数据分析与可视化研究[J].信息记录材料,2024,25(7):206-209.

[30] 赵志凡,邓一哲,张思源,付裕.基于Python的城市天气数据可视化分析[J].软件,2024,45(4):37-39.

[31] 杨松,刘佳欣.基于Python多重解析的图像爬虫的设计与实现[J].工业控制计算机,2021,34(2):99-101,104.

[32] 于莹,王关平,王成江,等.基于曼哈顿距离检测的马铃薯畸形识别[J].农业装备与车辆工程,2023,61(2):40-43.

[33] 陈超,郭蒙.对一道"曼哈顿距离"试题的解析与探究[J].中学数学研究(华南师范大学)(上半月),2024(9):43-46.

[34] 王先东.一道与"曼哈顿距离"有关的轨迹问题的探索[J].数学教学研究,2023,42(4):18-19,34.

[35] 曾新,王梅良,李高权,等.Python 程序设计语言实验教学模式探讨[J].实验科学与技术,2024,22(2):54-58.

[36] 贾美红.基于 OBE 模式培养数学思维能力的实践探索——以"Python 程序设计"课程实验教学为例[J].江西电力职业技术学院学报,2024,37(3):28-30.

[37] 梁楠,王成喜,张春飞,等.基于 Python 的多维度、层次化的综合实验平台[J].吉林大学学报(信息科学版),2023,41(5):858-865.

[38] 高起跃,张诗尧,代祥宇,等.基于"解决身边问题"思路的"Python 程序设计"实验教学研究[J].计算机应用文摘,2023,39(18):20-23,27.

[39] 刘恋,洪剑珂,严格知,等.基于 Python 的海量日志数据处理应用[J].信息与电脑,2022,34(11):31-34,39.

[40] 王秀木,殷铁娜,刘静闻,等.基于 Python 开发网络运行日志收集整理系统设计与实现[J].防灾减灾学报,2020,36(4):74-78.

[41] 颜伟,李俊青.基于 Python 网络日志分析系统研究与实现[J].曲阜师范大学学报(自然科学版),2017,43(4):48-50.

[42] 廖俊国,梁伟,韩雪,等.学以致用的项目驱动式教学研究——以财务管理专业 Python 语言程序设计课程为例[J].高教学刊,2024,10(4):58-61,66.

[43] 高园园,曹蕾,王丹丹,等.新医科背景下医学生的 Python 课程教学设计与实践[J].医学教育研究与实践,2024,32(2):181-185.

[44] 陈玮彤,孙小兵,李斌.面向产出的 Python 程序设计课程教学探索[J].电脑知识与技术,2024,20(4):141-143,147.

[45] 王伟丽,俞涵."双高"建设背景下 Python 程序设计课程的实践探索[J].福建教育,2024(30):49-53.

[46] 洪杨.Python 程序设计国际化教学案例研究[J].科研成果与传播,2024(1):139-142.

[47] 王江北,丁蕊,李晓会.基于 Python 的数据分析指导高校课程设置[J].哈尔滨职业技术学院学报,2020(3):30-33.

[48] 尹鹏飞,曹发生.逻辑推理题的 Python 求解法[J].贵州工程应用技术学院学报,2023,41(4):87-92.

[49] 徐建芳.初中 Python 大单元的螺旋式教学设计法——以《简单人机对话》为例[J].中国信息技术教育,2023(20):36-38.

[50] 钱逸舟,方璐.项目驱动的 Python 编程教学设计——以"蒙特卡洛法求圆周率"为例[J].中国信息技术教育,2021(18):39-40,92.

免责声明

本书中的教程/代码/讨论仅用于向读者介绍 Python 爬虫技术的基本原理和应用方法，仅用于教育和学习目的。我们坚决反对任何利用此技术从事非法活动、侵犯他人隐私，做出违反《中华人民共和国著作权法》或其他法律法规的行为。

使用本书中的教程/代码/讨论中提供的信息和工具时，读者应自行确保其行为符合所在国家或地区的法律法规要求。我们不对因读者不当使用或误用本书中教程/代码/讨论中的技术而导致的任何法律后果承担责任。

请读者在使用爬虫等技术时，始终尊重目标网站的 robots.txt 文件规定，遵守网站的爬虫政策，合理控制请求频率，避免给目标网站造成不必要的负担或损害。

我们鼓励读者在法律允许的范围内，利用爬虫技术为合法合规的数据收集、分析、研究等活动提供支持。如有任何疑问或不确定之处，请咨询法律专业人士。